JN045882

全国 農業 図書 のご案内

新刊

2023年版
日本農業技術検定　過去問題集3級

R05-01　A5判・224＋96頁
定価1,100円（税込・送料別）

●2020年度、2021年度、2022年度に実施した5回の試験問題を収録。

2022年版
日本農業技術検定　過去問題集2級

R04-02　A5判・192＋72頁
定価700円（税込・送料別）

●2021年度に実施した2回の試験問題を収録。

新規就農ガイドブック

R04-39　A5判・132頁
1,210円（税込・送料別）

　新規就農するうえで知っておきたい知識をまとめたガイドブック。就農までの道筋や地域や作目選びのポイントなどを紹介。

新規就農のノウハウがもりだくさん！

Q&A 農業法人化マニュアル
改訂第6版

R04-37　A4判・108頁
900円（税込・送料別）

　農業経営の法人化を志向する農業者を対象に法人化の目的やメリット、法人の設立の仕方、法人化に伴う税制や労務管理上の留意点などの疑問に一問一答形式で解説。

法人化で生じる疑問を一問一答形式で解説

令和4年度版
よくわかる農家の青色申告

R04-08　A4判・127頁
900円（税込・送料別）

　近年ますます重要性の高まる青色申告について、制度の概要、申告手続き、記帳の実務、確定申告書の作成から納税までを詳しく解説。

農家向け手引書の決定版

3訂 『わかる』から『できる』へ
複式農業簿記実践テキスト

R04-26　A4判・135頁
1,700円（税込・送料別）

　基礎から実践までわかりやすく解説した実務書。実際の簿記相談をもとにした多くの仕訳例は、即戦力として役立つ。

複式農業簿記の学習に最適！

藤田智の園芸講座

R04-40　A5判・162頁
1,430円（税込・送料別）

　作目ごとに、野菜づくりの方法を楽しくわかりやすく紹介。菜園計画や畑づくりなど、栽培前の準備についても盛り込んだ充実の1冊。

おいしい野菜をつくろう！

だれでも楽しめる！簡単野菜づくり

25-29　A5判・115頁
1,257円（税込・送料別）

　野菜づくりの基本とも言える土づくり、肥料の施用方法のイロハから、野菜ごとの栽培方法まで、イラストを使ってわかりやすく紹介。

野菜づくりの入門書！

ご購入方法

①お住まいの都道府県の農業会議に注文
（品物到着後、農業会議より請求書を送付させて頂きます）

都道府県農業会議の電話番号

北海道	011(281)6761	静岡県	054(255)7934	岡山県	086(234)1093
青森県	017(774)8580	愛知県	052(962)2841	広島県	082(545)4146
岩手県	019(626)8545	三重県	059(213)2022	山口県	083(923)2102
宮城県	022(275)9164	新潟県	025(223)2186	徳島県	088(678)5611
秋田県	018(860)3540	富山県	076(441)8961	香川県	087(813)7751
山形県	023(622)8716	石川県	076(240)0540	愛媛県	089(943)2800
福島県	024(524)1201	福井県	0776(21)8234	高知県	088(824)8555
茨城県	029(301)1236	長野県	026(217)0291	福岡県	092(711)5070
栃木県	028(648)7270	滋賀県	077(523)2439	佐賀県	0952(20)1810
群馬県	027(280)6171	京都府	075(441)3660	長崎県	095(822)9647
埼玉県	048(829)3481	大阪府	06(6941)2701	熊本県	096(384)3333
千葉県	043(223)4480	兵庫県	078(391)1221	大分県	097(532)4385
東京都	03(3370)7145	奈良県	0742(22)1101	宮崎県	0985(73)9211
神奈川県	045(201)0895	和歌山県	073(432)6114	鹿児島県	099(286)5815
山梨県	055(228)6811	鳥取県	0857(26)8371	沖縄県	098(889)6027
岐阜県	058(268)2527	島根県	0852(22)4471		

②全国農業図書のホームページから注文
(https://www.nca.or.jp/tosho/)

（お支払方法は、銀行振込、郵便振替、クレジットカード、代金引換があります。銀行振込と郵便振替はご入金確認後に、品物の発送となります）

③ Amazon から注文

全国農業図書	検 索

日本農業技術検定試験　２級

選択科目［作物］

24

31
 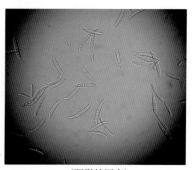

（穂の症状の写真）　　　　　　　（顕微鏡写真）

34

38

選択科目［作物］

選択科目［野菜］

① ② ③ ④ ⑤

13
① ② ③ ④ ⑤

19

20

選択科目［野菜］

21

22

23

32

38

選択科目［野菜］

選択科目［花き］

選択科目［花き］

20

21

22

23

26

28

選択科目［花き］

30

36

① ② ③

④ ⑤

38

①グラジオラス　②ユーストマ　③パンジー

④ストック　⑤キキョウ

選択科目［花き］

41

① ② ③

④ ⑤

42

49

選択科目［花き］

50

①アジアンタム　　②アレカヤシ　　③グズマニア

④アンスリウム　　⑤クンシラン

選択科目［果樹］

11

①　　　　　　　②　　　　　　　③

④　　　　　　　⑤

選択科目［果樹］

22

24

26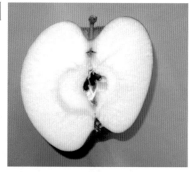

29

選択科目［果樹］

34

36

37

39

42
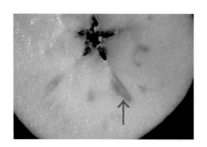

選択科目［果樹］

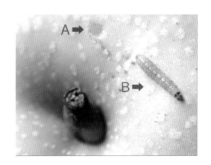

選択科目［果樹］

49
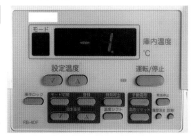

選択科目［畜産］

18

33

43

47

選択科目［畜産］

48

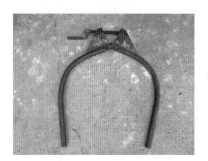

選択科目［作物］

選択科目［作物］

49

選択科目［野菜］

11

12

17

19

選択科目［野菜］

26

28

30

34

37

選択科目［野菜］

39

41

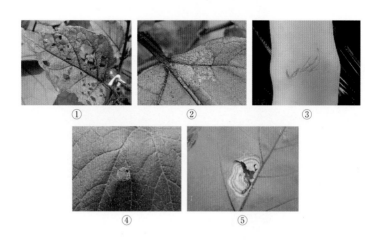

① ② ③

④ ⑤

選択科目［野菜］

43

① ② ③

④ ⑤

47

49

50

選択科目［花き］

13

17

18

①　　　　　　　　②　　　　　　　　③

④　　　　　　　　⑤

選択科目［花き］

19

① ② ③

④ ⑤

20

21

選択科目［花き］

22

27

28

（A）

31

サルビア

ビオラ

ジニア

パンジー

ハボタン

選択科目［花き］

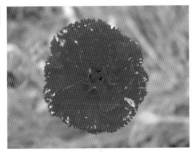

選択科目［花き］

選択科目［果樹］

選択科目［果樹］

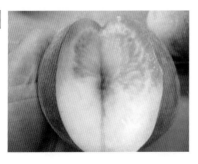

選択科目［果樹］

43
葉表　　　　　　　　　　葉裏

44　　　　45

49
A　　　　　　　　　　B

C

選択科目［畜産］

25

26

33
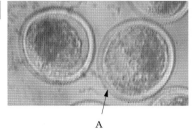

A

36
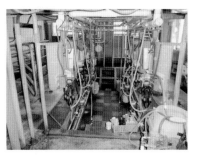

37

選択科目［畜産］

48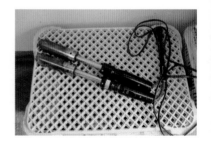

49

日本農業技術検定2級　解答用紙

受験級

● 2級

受験者氏名

フリガナ

漢字

受験番号

選択

○ 作　物
○ 野　菜
○ 花　き
○ 果　樹
○ 畜　産
○ 食　品

マーク例

良い例	悪い例
●	⊙ ✕ ✓ NW ○

共　通

解　答　欄
① ② ③ ④ ⑤
① ② ③ ④ ⑤
① ② ③ ④ ⑤
① ② ③ ④ ⑤
① ② ③ ④ ⑤
① ② ③ ④ ⑤
① ② ③ ④ ⑤
① ② ③ ④ ⑤
① ② ③ ④ ⑤
① ② ③ ④ ⑤

選　択

設問	解　答　欄
11	① ② ③ ④ ⑤
12	① ② ③ ④ ⑤
13	① ② ③ ④ ⑤
14	① ② ③ ④ ⑤
15	① ② ③ ④ ⑤
16	① ② ③ ④ ⑤
17	① ② ③ ④ ⑤
18	① ② ③ ④ ⑤
19	① ② ③ ④ ⑤
20	① ② ③ ④ ⑤
21	① ② ③ ④ ⑤
22	① ② ③ ④ ⑤
23	① ② ③ ④ ⑤
24	① ② ③ ④ ⑤
25	① ② ③ ④ ⑤
26	① ② ③ ④ ⑤
27	① ② ③ ④ ⑤
28	① ② ③ ④ ⑤
29	① ② ③ ④ ⑤
30	① ② ③ ④ ⑤
31	① ② ③ ④ ⑤
32	① ② ③ ④ ⑤
33	① ② ③ ④ ⑤
34	① ② ③ ④ ⑤
35	① ② ③ ④ ⑤

選　択

設問	解　答　欄
36	① ② ③ ④ ⑤
37	① ② ③ ④ ⑤
38	① ② ③ ④ ⑤
39	① ② ③ ④ ⑤
40	① ② ③ ④ ⑤
41	① ② ③ ④ ⑤
42	① ② ③ ④ ⑤
43	① ② ③ ④ ⑤
44	① ② ③ ④ ⑤
45	① ② ③ ④ ⑤
46	① ② ③ ④ ⑤
47	① ② ③ ④ ⑤
48	① ② ③ ④ ⑤
49	① ② ③ ④ ⑤
50	① ② ③ ④ ⑤

は じ め に

　日本の農業は、世界の食料需給や農産物貿易が不安定化するなかで、将来にわたって食料生産を維持・発展させることへの期待が高まっています。また、国土や自然環境の保全、文化の伝承など多面的機能の発揮についても、その促進が図られています。

　こうした役割を担う農業にやりがいを持ち、自然豊かな環境や農的な生き方に魅力を感じて、さらにビジネスとしての可能性を見出して、新規に就農する人や農業法人、農業関連企業等に就職して意欲をもって活躍する人たちは少なくありません。

　自然を相手に生産活動を行う農業や農業に関連する職業に携わるには、農業の知識や生産技術をしっかり身につけることが重要になります。日々変化し発展する農業技術を有効に活用するためには、農業についてのしかるべき知識や技術の理解が必要不可欠です。

　日本農業技術検定は、農林水産省と文部科学省の後援による、農業系の高校生や大学生、就農準備校の受講生、農業法人など農業関連企業の社会人を対象とした、全国統一の農業専門の検定制度です。就農を希望する人だけでなく、学業や研修の成果の証として、またJAの職員など農業関係者によるキャリアアップのための取り組みをはじめ、農業の知識や技術を身につけるために受験活用されています。毎年2万人を超える受験者がチャレンジをして、これまでの受験者累計は34万人に達しています。

　本検定の2級試験は「農作物の栽培管理等が可能な基本レベル」で、3級よりも応用的な専門知識や技術を評価します。5択式のマークシートになり、選択科目も6科目（作物、野菜、花き、果樹、畜産、食品）に広がり、内容的にも高度になります。本書で過去問題を点検して、本検定の「2級テキスト」で内容をしっかりと確認しながら勉強されることをお勧めします。2級を受験して農業知識や生産技術のレベルアップを図り、その修得した能力を就農や進学・就職に役立ててください。

2023年4月

日 本 農 業 技 術 検 定 協 会
事務局・一般社団法人 全国農業会議所

本書活用の留意点

◆実際の試験問題は A4判のカラーです。

　本書は、持ち運びに便利なように、A4判より小さい A5判としました。また、試験問題の写真部分は本書の巻頭ページにカラーで掲載しています。

◆◆CONTENTS◆◆

解答・解説編　（別冊）

日本農業技術検定 ガイド

1 検定の概要

●・・日本農業技術検定とは？・・●

　日本農業技術検定は、わが国の農業現場への新規就農のほか、農業系大学への進学、農業法人や関連企業等への就業を目指す学生や社会人を対象として、農業知識や技術の取得水準を客観的に把握し、教育研修の効果を高めることを目的とした農業専門の全国統一の試験制度です。農林水産省・文部科学省の後援も受けています。

●・・合格のメリットは？・・●

　合格者には農業大学校や農業系大学への推薦入学で有利になったり受験料の減免などもあります！　また、新規就農希望者にとっては、農業法人への就農の際のアピール・ポイントとして活用できます。JA など社会人として農業関連分野で働いている方も資質向上のために受験しています。大学生にとっては就職にあたりキャリアアップの証明になります。海外農業研修への参加を考えている場合にも、日本農業技術検定を取得していると、筆記試験が免除となる場合があります。

●・・試験の日程は？・・●

　2023年度の第1回試験日は7月8日（土）、第2回試験日は12月9日（土）です。第1回の申込受付期間は4月27日（木）～6月2日（金）、第2回は10月2日（月）～11月2日（木）となります。

※1級試験は第2回（12月）のみ実施。

　1級・2級・3級についてご紹介します。試験内容を確認して過去問題を勉強し、しっかり準備をして試験に挑みましょう！

（2019年度より）

等級		1級	2級	3級
想定レベル		農業の高度な知識・技術を習得している実践レベル	農作物の栽培管理等が可能な基本レベル	農作業の意味が理解できる入門レベル
試験方法		学科試験＋実技試験	学科試験＋実技試験	学科試験のみ
学科試験	受検資格	特になし	特になし	特になし
	出題範囲	共通：農業一般＋選択：作物、野菜、花き、果樹、畜産、食品から1科目選択	共通：農業一般＋選択：作物、野菜、花き、果樹、畜産、食品から1科目選択	共通：農業基礎＋選択：栽培系、畜産系、食品系、環境系から1科目選択
	問題数	学科60問（共通20問、選択40問）	学科50問（共通10問、選択40問）	50問※3（共通30問、選択20問）環境系の選択20問のうち10問は3分野（造園、農業土木、林業）から1つを選択
	回答方式	マークシート方式（5者択一）	マークシート方式（5者択一）	マークシート方式（4者択一）
	試験時間	90分	60分	40分
	合格基準	120点満点中原則70%以上	100点満点中原則70%以上	100点満点中原則60%以上
実技試験	受検資格	受験資格あり※1	受験資格あり※2	—
	出題範囲	専門科目から1科目選択する生産要素記述試験（ペーパーテスト）を実施（免除規定あり）	乗用トラクタ、歩行型トラクタ、刈払機、背負い式防除機から2機種を選択し、ほ場での実地研修試験（免除規定あり）	—

※1　1級の学科試験合格者。2年以上の就農経験を有する者または検定協会が定める事項に適合する者（JA営農指導員、普及指導員、大学等付属農場の技術職員、農学系大学生等で農場実習等4単位以上を取得している場合）は実技試験免除制度があります（詳しくは、日本農業技術検定ホームページをご確認ください）。

※2　2級の学科試験合格者。1年以上の就農経験を有する者または農業高校・農業大学校など2級実技水準に相当する内容を授業などで受講した者、JA営農指導員、普及指導員、大学等付属農場の技術職員、学校等が主催する任意の講習会を受講した者は2級実技の免除規定が適用されます。

※3　3級の選択科目「環境系」は20問のうち、「環境共通」が10問で、「造園」「農業土木」「林業」から1つを選択して10問、合計20問となります。

● ・・申し込みから受験までの流れ・・●

日本農業技術検定ホームページにアクセスする。
(https://www.nca.or.jp/support/general/kentei/)

↓

申し込みフォームより必要事項を入力の上、申し込む。

※団体受験において、2級実技免除校に指定されている場合は、その旨のチェックを入力すること。

お申し込み後に検定協会から送られてくる確認メールで、ID、パスワード、振り込み先等を確認し、指定の銀行口座に受験料を振り込む。

↓

入金後、ID、パスワードを使って、振り込み完了状況、受験級と受験地等の詳細を再確認する。

↓

申し込み完了

↓

試験当日の2週間〜3週間前までに受験票が届いたことを確認する。
※受験票が届かない場合は、事務局に問い合わせる。

↓

受験

※試験結果通知は約1か月後です。
※詳しい申し込み方法は日本農業技術検定のホームページからご確認ください。
※原則、ホームページからの申し込みを受け付けていますが、インターネット環境がない方のために FAX、郵送でも受け付けています。詳しくは検定協会にお問い合わせください。
※1級・2級実技試験の内容や申し込み、免除手続き等については、ホームページでご確認ください。

◆お問い合わせ先◆
日本農業技術検定協会（事務局：一般社団法人 全国農業会議所）
〒102-0084 東京都千代田区二番町9−8
　　　　　中央労働基準協会ビル内
TEL:03(6910)1126　E-mail:kentei@nca.or.jp

日本農業技術検定　　検索

● • • 試験結果 • • ●

　日本農業技術検定は、2007年度から3級、2008年度から2級、2009年度から1級が本格実施されました。近年では毎年25,000人程が受験しています。受験者の内訳は、一般、農業高校、専門学校、農業大学校、短期大学、四年制大学（主に農業系）、その他（農協等）です。

受験者数の推移
（人）

	1級	2級	3級	合計
2012年度	255	4,037	17,032	21,324
2013年度	293	3,859	18,405	22,557
2014年度	258	4,104	18,411	22,773
2015年度	245	4,949	18,926	24,120
2016年度	308	5,350	20,183	25,841
2017年度	277	5,743	20,681	26,701
2018年度	247	5,365	20,521	26,133
2019年度	266	5,311	19,992	25,569
2020年度※	206	3,015	18,790	22,011
2021年度	265	5,908	20,939	27,112
2022年度	243	5,024	17,932	23,199

※12月検定のみ実施

各受験者の合格率（2022年度）

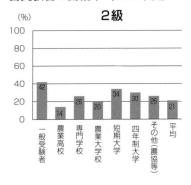

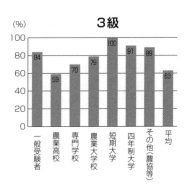

科目別合格率（2022年度）

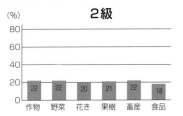

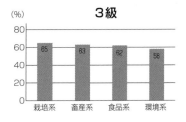

2　勉強方法と試験の傾向

●・・・2級 試験の概要・・・●

　2級試験は、すでに農業や食品産業などの関連分野に携わっている者やある程度の農業についての技術や技能を修得している者を対象とし、3級よりもさらに応用的な専門知識、技術や技能（農作業の栽培管理が可能な基本レベル）について評価します。農業や食品産業などは、ものづくりであるため、実務の基本について経験を通して習い覚えることが大切です。つまり、2級試験では知識だけでなく、実際の栽培技術や食品製造技術などについても求められます。選択科目は6科目に分かれます。

●・・・勉強のポイント・・・●

（1）専門的な技術や知識・理論を十分に理解する

　農業に関係する技術は、気候や環境などの違いによる地域性や栽培方法の多様性などがみられることが技術自体の特殊性ですが、この試験は、全国的な視点から共通することが出題されます。このため、専門分野について基本的な技術や理論を十分に理解することがポイントです。

（2）専門分野をより深める

　2級試験は、共通問題10問、選択科目40問の合計50問です（2019年度より変更）。共通問題の出題領域は、農業機械・施設、農産加工・流通、農業経営、農業政策からです。選択科目は、作物、野菜、花き、果樹、畜産、食品の各専門分野から出題されます。

　共通問題が少ないため、自身の専門分野をより深めて広げることがポイントになります。選択科目ごとに、動植物の生育の特性、分類、栽培管理、病害虫の種類などを理解しましょう。

（3）専門用語について十分に理解する

　技術や技能を学び、実践する時には専門用語の理解度が求められます。自身の専門分野の専門用語について十分に理解することがポイントです。出題領域表の細目にはキーワードを例示していますので、その意味を理解しましょう。

（4）農作物づくりの技術や技能を理解し学ぶ

　実際の栽培技術・飼育技術・加工技術などについての知識や体験をもとに、理解力や判断力が求められます。適切な知識に基づく的確な判断は、良い農産物・安全で安心な食品づくりにつながります。このため、農作業の栽培管理に必要な知識や技術、例えば、動植物の生育特性に基づいた、作業の種類と管理方法、病害虫対策の内容、機械器具の選択、さらには当該作物等をめぐる生産動向などの経営環境を学ぶことがポイントです。

●・・・傾向と対策・・・●

　2級試験は、3級試験をふまえ、さらに応用的で現場で必要な専門知識、技術や技能について出題されます。また、3級試験と異なり、①5つの回答群から正答を一つ選び、②合格基準点も原則70点以上となり、かつ、③6分野別の専門知識が必要とされ、試験のレベルが上がりますので、より正確な知識と適切な判断力が求められます。

　試験問題の出題領域（次頁参照）が公開されてキーワードが示されているので、まずはその専門用語を十分に理解することが必要となります。

　出題領域は、範囲が広く（実用面を考慮して領域以外からも出題されることもあります）、すべてを把握することは労力を要しますので、前頁の「勉強のポイント」を押さえて、次の勉強方法を参考に効率的に勉強しましょう。

◎過去問題を解いて、細目等の出題傾向をつかみ、対策を練る。

◎過去問題の解説で問題を確認し、「2級テキスト」で問題の内容をより深く理解して、知識として定着させる。

◎苦手な分野は、領域を確認しながら、農業高等学校教科書（日本農業技術検定ホームページに掲載）を参照して克服していく。

　写真やイラストなどで、実際の現場で使う実践的な知識を増やすことも大事です。また、法律や制度、最新の農業技術や営農の動向など、時事的な情報も押さえておきましょう。

　最後に、これまでに頻出度合いの高い問題もありますので、過去の出題問題に十分に目を通しておくことが"合格への近道"です。

3　出題領域

科目	作物名・領域	単元	細目
共通（農業機械・施設）	原動機	内燃機関	ガソリンエンジン　ディーゼルエンジン
		電動機	三相誘導電動機　単相誘導電動機
	トラクタ	乗用トラクタ	エンジン　4サイクル水冷　スロットル　クラッチ　ブレーキ　走行系　PTO系　差動装置・デフロック　変速装置（トランスミッション）　スタータ・予熱装置　エアクリーナ　バッテリ　始動前の点検　運転の基本　作業と安全
		歩行用トラクタ	主クラッチ　変速装置　Vベルト　かじ取り装置
		作業機の連結装置	三点支持装置　PTO軸　油圧装置
	耕うん・整地用機械	すき	すき
		プラウ	はつ土板プラウ　ディスクプラウ
		駆動耕うん機械	ロータリ耕うん機　花形ロータ　かごロータ　駆動円板ハロー　なたづめ　L形づめ　普通づめ
		土地改良機械	トレンチャ
	育成・管理用機械	施肥機	マニュアスプレッダ　ブロードキャスタ　ライムソーワ
		たねまき機	すじまき機　点まき機　ばらまき機
		移植機	田植機　畑用移植機
		中耕除草機	カルチベータ　刈払い機
		水管理用機械	うず巻きポンプ　エンジンポンプ　スプリンクラ
		防除機	人力噴霧機　動力噴霧機　動力散粉機　ミスト機　ブームスプレーヤ　スピードスプレーヤ
	運搬用機械	動力運搬車	自走式運搬車　トレーラ　トラック　フォークリフト　フロントローダ
		搬送機	コンベヤ　バケットエレベータ　スローワ　ブローワ　モノレール
	施設園芸用機械装置	暖房機	温風暖房機　温水暖房機　蒸気暖房機　電熱暖房機　ヒートポンプ
		環境制御機器	マイクロコンピュータ制御機器
	工具類	レンチ	片ロスパナ　両口スパナ　オフセットレンチ（めがねレンチ）　ソケットレンチ　アジャストレンチ　パイプレンチ　トルクレンチ
		プライヤ	ニッパ　ラジオペンチ　ウォーターポンププライヤ
		ドライバ	プラスドライバ　マイナスドライバ
		ハンマ	片手ハンマ　プラスチックハンマ
		その他の工具	プーラ　平タガネ　タップ　ダイス　ノギス　ジャッキ　油さし　グリースガン
	燃料と潤滑油	燃料	LPG　ガソリン　灯油　軽油　重油
		潤滑油	エンジン油　ギヤ油　グリース
共通（農産加工・流通）	農産製造基礎	農産製造の意義	食品製造の目的　食品産業の分類　日本の食品産業の特色
		食品の変質と貯蔵	生物的要因による変質　物理的要因による変質　化学的要因による変質
			食品貯蔵の原理　乾燥　低温　空気組成　殺菌　浸透圧　pH　くん煙
		食品衛生	食品衛生行政　法律
			食中毒の分類　食品による危害　食品添加物
		食品の包装と表示	食品包装の目的　包装材料　包装技術　容器包装リサイクル法
			食品表示制度　食品衛生法　JAS法　健康増進法
共通（農業経営）	農業経営の情報	情報の収集と活用	経営情報　簿記　会計分析　農作業日誌　生産管理情報　流通・販売管理情報　ヒト・モノ・カネ情報　生産技術情報　気象情報　適期作業情報　生産資材情報　農業機械情報　販売情報　制度情報　農地情報　資金情報
		マーケティング	消費者ニーズ　農産物市場　農産物価格の特徴　需給の特徴　流通の特徴　せり売り　相対取引　卸売市場　共同販売　産地直送販売　電子商取引　アンテナショップ　ニッチの市場　四つのP　ファーマーズマーケット

科目	作物名・領域	単元	細目
共通（農業経営）	農業経営の管理	農業経営の主体と目標	家族経営　農業経営の法人化　企業経営　青色申告　家族経営協定　農業粗収益　農業経営費　農業生産費　農企業利潤　農業所得　家族労働報酬
		農業生産の要素	土地　労働力　資本　地力　地力維持　低投入型農法　土地基盤整備　労働配分　分業の利益　固定資本　流動資本　収穫漸減の減少　変動費　固定費　固定資本装備率
		経営組織の組み立て	作目　地目　経営部門　基幹作目　比較有利性の原則　差別化製品　高付加価値製品　単一経営　複合経営　多角化　輪作　多毛作　連作　連作障害　競合関係　補合関係　補完関係
		経営と協同組織	共同作業　共同利用　ゆい　栽培・技術協定　受託　委託　農業機械銀行　産地作り　法人化　農業法人　農地所有適格法人　農事組合法人　集落　農業団体　農協組織　農協の事業　農家小組合　区長　農業委員会　農業共済組合　土地改良区　公民館　農業改良普及
		農業経営の管理	経営者能力　管理運営　経営ビジョン　経営戦略　集約度　集約化　集約度限界　経営規模　規模拡大　農用地の流動化　地価　借地料　施設規模の拡大
	農業経営の会計	取引・勘定・仕訳	簿記　複式簿記　資産　負債　資本　貸借対照表　損益計算　収益　費用　損益計算書　取引　勘定　勘定科目　勘定口座　借方　貸方　取引要素　取引要素の結合　取引の二面性　仕訳　転記
		仕訳帳と元帳	仕訳帳　元帳
		試算表と決算	試算表　精算表　決算
		農産物の原価計算	生産原価　総原価　原価要素　賦課　配賦
	農業経営の診断と設計	農業経営の診断	マネジメントサイクル　経営診断の要点　内部要因　外部要因　実数法　比率法　農業所得率　家族労働報酬　農業所得　集約度　労働生産性　土地生産性　資本生産性　生産性指標　作物収量指数　固定資産　流動資産　農業粗収益　生産量　農業経営費　物財費　収益性分析　技術分析　財務諸表分析　資本利益率　売上高利益率　生産性分析　安全性分析　成長性分析　損益分岐点分析
		農業経営の設計	経営目標　目標水準　経営診断　部門設計　基本設計　経営試算　改善設計　収益目標　生産設計　運営設計　農作業日誌　経営者能力　資金繰り計画　黒字倒産　資金運用表　マーケティング戦略　契約販売　販売チャンネル
共通（農業政策）	農業の動向	わが国の農業	自然的特徴　農家　農業経営の特徴　農業の担い手
		世界の農業	穀物栽培・収穫量
		食料の需給と貿易	食料援助　食料自給率
	農業政策	食料消費	農産物輸入動向　食料消費動向　食料自給率　食育基本法　地理的表示
		農業政策・関係法規	食料・農業・農村基本法　農業基本法　構造政策　認定農業者制度　農地法・農業経営基盤強化促進法　経営所得安定対策　食料自給率
			環境保全型農業　農業の多面的機能　中山間地政策　グリーンツーリズム　WTO　FTA・EPA・TPP　市民農園　新規就農政策
作物	作物をめぐる動向		米の需給・流通・消費動向　作付面積　生産数量目標　経営所得安定対策　飼料米の動向　米の輸入制度
	イネ	植物特性	原産地・植物分類（自然分類生育特性）
		種類・主要品種	日本型　インド型　ジャワ型　水稲　陸稲　うるち　もち　コシヒカリ　あきたこまち　ひとめぼれ　ヒノヒカリ　ササニシキ　飼料用イネ
		栽培管理	基本的な栽培管理　ブロックローテーション
		たねもみ	塩水選　芽だし（催芽）　湯温消毒
		苗づくり	稚苗　中苗　成苗　育苗箱　苗代　分げつ　主かん　緑化　硬化　葉齢
		本田での生育・管理	作土　すき床　心土　耕起　砕土　耕うん　代かき　田植え　水管理（深水・中干し・間断かんがい・花）　追肥（分げつ肥・穂）　葉齢指数　不耕起移植栽培　冷害・高温障害

科目	作物名・領域	単元	細目
作物	イネ	収穫・調整	バインダー コンバイン 天日干し 乾燥機 もみすり 無洗米 検査規格 収量診断
		病害虫防除	いもち病 紋枯病 ごま葉枯れ病 白葉枯れ病 しま葉枯れ病 萎縮病 苗立ち枯れ病 雑草 ニカメイガ セジロウンカ トビイロウンカ ツマグロヨコバイ イナヅマヨコバイ イネハモグリバエ イネミズゾウムシ カメムシ
	ムギ	植物特性	原産地・植物分類（自然分類生育特性）
		種類・主要品種	コムギ オオムギ ライムギ エンバク ４・６倍数体
		利用加工	製粉の種類・特徴
		栽培管理	基本的な栽培管理 播種 麦踏み 秋播性 生育ステージ
		病害虫防除	うどんこ病 黒さび病 赤さび病 裸黒穂病 赤かび病 キリウジガガンボ アブラムシ
	トウモロコシ	植物特性	原産地・植物分類（自然分類生育特性） 雄穂・雌穂 Ｆ１品種 キセニア 分げつ 収穫後の食味変化
		主要品種	
		栽培管理	基本的な栽培管理 マルチング 播種 間引き 中耕 追肥 土寄せ 除房 積算温度
		病害虫防除	アワノメイガ アブラムシ ヨトウムシ ネキリムシ
	ダイズ	植物特性	原産地・植物分類（自然分類生育特性） 栄養成長 完熟種子 未熟種子 緑肥 飼料 根粒菌 連作障害 無胚乳種子
		種類・主要品種	早生（夏ダイズ） 中生（中間） 晩生（秋ダイズ） 遺伝子組み換え食品
		利用加工	無発酵食品 発酵食品
		栽培管理	基本的な栽培管理 播種 間引き 中耕 土寄せ
		病害虫防除	モザイク病 紫はん病 アオクサカメムシ ホソヘリカメムシ ダイズサヤタマバエ フキノメイガ マメシンクイガ
	ジャガイモ	植物特性	原産地・植物分類（自然分類生育特性） 根菜類 塊茎
		主要品種	男爵 メークイン
		利用加工	栄養と利用
		栽培管理	基本的な栽培管理 種いも切断 植え付け（種いもの切断法） 追肥 中耕 除草 土寄せ 収穫適期
	サツマイモ	植物特性	原産地 植物分類（自然分類生育特性） 根菜類 塊根
		主要品種	ベニアズマ 高系14号 コガネセンガン シロユタカ 紅赤 シロサツマ
		利用加工	栄養と利用
		栽培管理	基本的な栽培管理 マルチング 定植 中耕 除草 土寄せ 植え付け方法 キュアリング 生長点培養苗
		病害虫防除	黒斑病 ネコブセンチュウ ネグサレセンチュウ
	稲作関連施設	育苗施設	共同育苗施設 出芽室 緑化室 硬化室
		もみ乾燥貯蔵施設	ライスセンタ カントリーエレベータ
	収穫・調整用機械 その他	穀類の収穫調整用機械	自脱コンバイン 普通コンバイン バインダ 穀物乾燥機 もみすり機 ライスセンタ カントリーエレベータ ドライストア
		畑作物用収穫調製機械	堀取り機 ポテトハーベスタ ビートハーベスタ オニオンハーベスタ ケーンハーベスタ い草刈り取り機 茶園用摘採機 洗浄機 選別機 選果機 選果施設 予冷施設 貯蔵施設 低温貯蔵施設 CA貯蔵施設
		病害虫防除	化学的防除 生物的防除 物理的防除 IPM防除 防除履歴 農薬散布作業の安全 農薬希釈計算
野菜	野菜をめぐる動向		野菜の需給・生産・消費動向、加工・業務用野菜対応、野菜の価格安定対策
	トマト	植物特性	原産地・植物分類 園芸分類 生育特性 生食・加工 着果習性 成長ホルモン
		栽培管理	基本的な栽培管理 よい苗の条件 順化（マルチング、定植、整枝、芽かき、摘心、摘果） 定植特性
		病害虫防除	疫病 葉かび病 灰色かび病 輪紋病 ウイルス病 アブラムシ しり腐れ病 生理障害
	キュウリ	植物特性	原産地・植物分類 園芸分類 生育特性 雌花・雄花 ブルーム（果粉） 無胚乳種子 浅根性 奇形果

科目	作物名・領域	単元	細　目
野菜	キュウリ	栽培管理	基本的な栽培管理（播種、移植、鉢上げ、マルチング、誘引、整枝、追肥、かん水）　台木
		病害虫防除	つる枯れ病　つる割れ病　炭そ病　うどんこ病　べと病　アブラムシ　ウリハムシ　ハダニ　ネコブセンチュウ
	ナス	植物特性	原産地　長花柱花　作型　品種
		栽培管理	ならし（順化）　幼苗つぎ木　台木　訪花昆虫　更新せん定　ハダニ類・アブラムシ類　出荷規格　生理障害
		病害虫防除	半枯れ病　青枯れ病　いちょう病　ハダニ・コナジラミ・センチュウ
	ハクサイ	植物特性	原産地・植物分類　園芸分類　生育特性　結球性
		栽培管理	基本的な栽培管理（播種、間引き、鉢上げ、定植、中耕、追肥）
		病害虫防除	ウイルス病　軟腐病　アブラムシ　コナガ　モンシロチョウ　ヨトウムシ
	ダイコン	植物特性	原産地・植物分類　園芸分類　生育特性　生食・加工　根菜類　抽根性　岐根　す入り
		栽培管理	基本的な栽培管理（播種、間引き、追肥、中耕、除草、土寄せ）
		病害虫防除	苗立ち枯れ病　軟腐病　いおう病　ハスモンヨトウ　キスジノミハムシ　アブラムシ
	メロン	植物特性	原産地・植物分類　園芸分類　生育特性
		栽培管理	基本的な栽培管理　おもな病害虫
	スイカ	植物特性	原産地・植物分類　園芸分類　生育特性
		栽培管理	基本的な栽培管理　おもな病害虫
	イチゴ	植物特性	原産地・植物分類　園芸分類　生育特性
		栽培管理	基本的な栽培管理　おもな病害虫
	キャベツ	植物特性	原産地・植物分類　園芸分類　生育特性
		栽培管理	基本的な栽培管理　おもな病害虫
	レタス	植物特性	原産地・植物分類　園芸分類　生育特性
		栽培管理	基本的な栽培管理　おもな病害虫
	タマネギ	植物特性	原産地・植物分類　園芸分類　生育特性
		栽培管理	基本的な栽培管理　おもな病害虫
	ニンジン	植物特性	原産地・植物分類　園芸分類　生育特性
		栽培管理	基本的な栽培管理　おもな病害虫
	ブロッコリー・カリフラワー	植物特性	原産地・植物分類　園芸分類　生育特性
		栽培管理	基本的な栽培管理　おもな病害虫
	ホウレンソウ	植物特性	原産地・植物分類　園芸分類　生育特性
		栽培管理	基本的な栽培管理　おもな病害虫
	ネギ	植物特性	原産地・植物分類　園芸分類　生育特性
		栽培管理	基本的な栽培管理　おもな病害虫
	スイートコーン	植物特性	原産地・植物分類　園芸分類　生育特性
		栽培管理	基本的な栽培管理　おもな病害虫
	園芸施設	園芸施設の種類	栽培施設　ガラス室　ビニルハウス　片屋根型　両屋根型　スリークオータ型　連棟式　単棟式　骨材　木骨温室　鉄骨温室　半鉄骨温室　アルミ合金骨温室　棟の方向　1棟の規模　屋根の勾配　硬質樹脂板　ガラス繊維強化ポリアクリル板　プラスチックハウス　塩化ビニル　酢酸ビニル　ポリエチレン　農ポリ　農PO　硬質フィルム　屋根型　半円型　鉄骨式　木骨式　パイプ式　移動式　固定式　パイプハウス　ベンチ式　ベッド式　養液栽培　結露水排除
		温室・ハウスの環境調節　選果貯蔵施設	温度の調節　保温　加温　温水暖房　温風暖房　ストーブ暖房　電熱暖房　加温燃料　電気　LPガス　灯油　A重油　養液栽培　換気　自然換気　強制換気　自動開閉装置　換気扇　冷房　冷水潅流装置　ミストアンドファン式　パッドアンドファン式　温室クーラー　細霧冷房　湿度加湿　ミスト装置　光の調節　潅水自動制御装置　植物育成用ランプ　遮光　土壌水分調節　潅水設備　共同選果場　非破壊選果　光センサ　糖度センサ　カラーセンサ　低温貯蔵施設　CA貯蔵施設　ヒートポンプ

科目	作物名・領域	単元	細目
野菜	施設栽培	野菜の施設栽培	テンシオメータ 塩類集積 電気伝導度 客土 クリーニングクロップガス障害 二酸化炭素の施用 養液栽培 水耕 砂耕 NFT ロックウール耕 噴霧耕 コンピュータ制御 養液土耕
	機械	省力機械	
	病害虫防除	病害虫防除の基礎	化学的防除 生物的防除 物理的防除 IPM 防除履歴 農薬散布作業の安全 農薬希釈計算
	その他		貯蔵・利用加工 種子寿命 加工種子
花き	花きをめぐる動向		花きの特性、生産・流通・消費動向、輸出入動向
	花の種類	1年草	アサガオ ヒマワリ マリーゴールド コスモス ケイトウ ナデシコ パンジー ビオラ プリムラ類 ベゴニア類 サルビア ハボタン ジニア コリウス
		2年草	カンパニュラ
		宿根草	キク カーネーション シュッコンカスミソウ キキョウ ジキタリス オダマキ
		球根類	チューリップ ユリ ヒアシンス グラジオラス フリージア クロッカス シクラメン カンナ ラナンキュラス アルストロメリア ダリア
		花木	バラ ツツジ ハイドランジア ツバキ
		ラン類	シンビジウム カトレア ファレノプシス デンドロビウム オンシジウム
		多肉植物	カランコエ アロエ サボテン類
		観葉植物	シダ類 ポトス フイカス類 ヤシ類 ドラセナ類
		温室植物	ポインセチア ハイビスカス セントポーリア ミルトニア シャコバサボテン
		ハーブ類	ラベンダー ミント類
		緑化樹・地被植物	コニファー類 ツタ
	花きの基礎用語	植物特性	陽生植物 陰生植物 ロゼット 光周性 バーナリゼーション
		花の繁殖方法	種子繁殖 栄養繁殖 さし芽 取り木 株分け 分球 接ぎ木 微粒種子 硬実種子 明発芽 暗発芽 植物組織培養 セル成型苗
		容器類	育苗箱 セルトレイ プラ鉢 ポリ鉢 素焼き鉢
		用土	黒土 赤土 鹿沼土 ピートモス 腐葉土 水苔 バーミキュライト パーライト 軽石 バーク類
		潅水方法	手潅水 チューブ潅水 ノズル潅水 底面給水 腰水 マット給水 ひも給水
	栽培基礎	栽培	種子繁殖方法 植え方 株間 肥培管理 EC pH 植物調整剤 開花調節 (電照 遮光 (シェード)) DIF 栄養繁殖方法 養液土耕 種苗法 色素 茎頂培養 植物ホルモン 品質保持剤 セル生産システム 自動播種機 ガーデニング
	シクラメン	植物特性	球根 (塊茎) サクラソウ科 種子繁殖 品種系統
		栽培管理	基本的な栽培管理 たねまき 生育適温 移植・鉢あげ・鉢替 葉組み 遮光
		病害虫防除	軟腐病 葉腐細菌病 灰色かび病 炭疽病 ハダニ アザミウマ
	プリムラ類	植物特性	品種系統 ポリアンサ オブコニカ マラコイデス
		栽培管理	たねまき 生育適温 移植・鉢あげ・鉢替 遮光
	キク	植物特性	切り花 鉢花 (ポットマム・クッションマム) 品種系統 夏ギク 夏秋ギク 秋ギク 寒ギク
		栽培管理	基本的な栽培管理 さし芽 苗作り 摘心 摘芽・摘らい ネット張り 電照等
		病害虫防除	黒斑病 えそ病 白さび病 うどんこ病 アザミウマ (スリップス) 類 アブラムシ類 ハダニ類
	カーネーション	植物特性	切り花 品種系統 スタンダード スプレー ダイアンサス
		栽培管理	基本的な栽培管理 さし芽 苗作り 摘心 摘芽・摘らい ネット張り
		病害虫防除	茎腐れ病 さび病 ハダニ類 アザミウマ (スリップス) 類 萎ちょう病

科目	作物名・領域	単元	細　目
花き	バラ	植物特性	切り花　品種系統　ハイブリッド
		栽培管理	基本的な栽培管理　さし芽　苗作り　摘心　摘芽・摘らい　ネット張り
		病害虫防除	黒点病　うどんこ病　べと病　根頭がんしゅ病　アブラムシ類　ハダニ類　アザミウマ（スリップス）類
	ユリ	植物特性	オリエンタルハイブリッド　アジアティックハイブリッド　基本的な栽培管理
	ラン	植物特性	品種登録名　着生種・地生種
	切り花一般	種類と栽培基礎	ユリ・カスミソウ・ストック・ユーストマ
	ポストハーベスト	鮮度保持	STS　鮮度保持剤　保冷　エチレン　低温流通
	園芸施設	園芸施設の種類	栽培施設　ガラス室　ビニルハウス　片屋根型　両屋根型　スリーコーター型　連棟式　単棟式　骨材　木骨温室　鉄骨温室　半鉄骨温室　アルミ合金骨温室　棟の方向　1棟の規模　屋根の勾配　硬質樹脂板　ガラス繊維強化ポリエステル板　アクリル板　プラスチックハウス　塩化ビニル　酢酸ビニル　ポリエチレン　屋根型　半円型　鉄骨式　木骨式　パイプ式　移動式　固定式　パイプハウス　ベンチ式　ベッド式　養液栽培
		温室・ハウスの環境調節	温度の調節　保温　加温　温水暖房　温風暖房　ストーブ暖房　電熱暖房　加温燃料　電気　LPガス　灯油　A重油　換気　自然換気　強制換気　自動開閉装置　換気扇　冷房　冷水潅流装置　ミストアンドファン式　パッドアンドファン式　温室クーラー　細霧冷房　湿度　加湿　ミスト装置　光の調節　潅水自動制御装置　植物育成用ランプ　遮光（シェード）　土壌水分調節　潅水設備
	施設栽培	草花の施設栽培	被覆資材　光線透過率　保温性　作業性　耐久性　耐侯性　側窓　天窓　間口　軒高　ヒートポンプ装置　複合環境制御システム
	機械	省力機械	自動播種機　土入れ機
	病害虫防除	病害虫防除の基礎	化学的防除　生物的防除　物理的防除　IPM　防除履歴　農薬散布作業の安全　農薬希釈計算
	その他		輸入花木
果樹	果樹をめぐる動向		果実の需給・生産・流通・消費動向、輸出入動向
	果樹の種類　生産現状	落葉性果樹	リンゴ　ナシ　モモ　オウトウ　ウメ　スモモ　クリ　クルミ　カキ　ブドウ　ブルーベリー　キウイフルーツ　イチジク
		常緑性果樹	カンキツ　ビワ
	果樹の栽培技術　果樹の基礎用語	成長	結果年齢　幼木・若木・成木・老木　休眠　生理的落果　自家受粉　和合性・不和合性　受粉樹　人工受粉　単為結果　葉芽・花芽　ウイルスフリー　結果習性　隔年結果　果実肥大・熟期促進処理
		枝	主幹　主枝　亜主枝　側枝　樹形　主幹系　変則主幹系　開心自然形　平たな　矮化仕立て　長果枝　中果枝　短果枝　頂部優勢　徒長枝
		栽培	袋かけ　かさかけ　摘らい　摘果　せん定（強せん定・弱せん定）　間引き・切り返し　誘引　摘心　袋掛け　環状はく皮　有機物施用　深耕　清耕法　草生法　マルチング　潅水　3要素の影響　元肥　追肥　春肥（芽だし肥）　夏肥（実肥）　秋肥（礼肥）　葉面散布　台木　穂木　枝接ぎ　芽接ぎ　休眠枝さし　緑枝さし　糖度計　ECメーター　テンシオメーター　カラーチャート　スプリンクラー　スピードスプレヤー　光センサー　糖（果糖　ブドウ糖　ショ糖　ソルビトール）　酸（リンゴ酸　クエン酸　酒石酸）　風害　干害　凍霜害
	リンゴ	植物特性	適地　主要生産地
		品種	主要品種
		栽培管理　病害虫・生理障害	基本的な栽培管理　人工受粉　頂芽　摘らい　摘花　摘果　有袋栽培　無袋栽培　黒星病　斑点落葉病　ふらん病　炭そ病　アブラムシ　シンクイムシ類　ハマキムシ類　ハダニ類　粗皮病　ビターピット　縮果病

科目	作物名・領域	単元	細目
果樹	ナシ	植物特性	ニホンナシ セイヨウナシ 青ナシ・赤ナシ
		品種	主要品種
		栽培管理	基本的な栽培管理 芽かき 人工受粉 摘らい 摘花 摘果 袋かけ ジベレリン処理
		病害虫・生理障害	黒星病 赤星病 シンクイムシ病
	ブドウ	植物特性	欧州種 米国種 欧米雑種 主要生産地
		品種	主要品種
		栽培管理 病害虫・生理障害	基本的な栽培管理 芽かき 誘引 摘心 花ぶるい 整房 摘房 摘粒 ジベレリン処理 袋かけ かさかけ せん定 黒とう病 晩腐病 べと病 灰色かび病 ブドウトラカミキリ ブドウスカシバ ドウガネブイブイ ねむり病 花ぶるい
	カキ	植物特性	甘柿 渋柿 脱渋 雌花・雄花
		品種	主要品種
		栽培管理 病害虫・生理障害	基本的な栽培管理 摘らい 生理落果 摘果 夏季せん定 脱渋 炭疽病 カキノヘタムシガ（カキミガ）
	モモ	植物特性	油桃（ネクタリン） 離核・粘核性 縫合性 双胚果 核割果
		品種	白鳳 白桃 あかつき 赤色系 白色系 黄色系
		栽培管理 病害虫・生理障害	基本的な栽培管理 人工受粉 摘らい 摘花 摘果 袋かけ 芽かき 縮葉病 シンクイムシ類 いや地（連作障害） 樹脂病
	カンキツ	植物特性	原産地 生育特性 隔年結果 単為結果性
		主要種類	温州ミカン ポンカン 雑柑 スイートオレンジ
		栽培管理 病害虫・生理障害	基本的な栽培管理 摘花 摘果 土壌流ぼう防止 水分調整 施肥 かいよう病 そうか病 黒点病 浮き皮
	ブルーベリー	特性・管理	ツツジ科 ハイブッシュ ラビットアイ 土壌（酸性） 防鳥 収穫
	オウトウ・スモモ	特性・管理	
	園芸施設	園芸施設の種類	栽培施設 ガラス室 ビニルハウス 片屋根型 両屋根型 スリーコーター型 連棟式 単棟式 骨材 木骨温室 鉄骨温室 半鉄骨温室 アルミ合金骨温室 棟の方向 1棟の規模 屋根の勾配 硬質樹脂板 ガラス繊維強化ポリアクリル板 ビニルハウス プラスチックハウス 塩化ビニル 酢酸ビニル ポリエチレン 屋根型 半円型 鉄骨式 木骨式 パイプ式 移動式 固定式 パイプハウス 棚栽培 養液栽培 根域制限（容器栽培）
		温室・ハウスの環境調節	温度の調節 保温 加温 温水暖房 温風暖房 ストーブ暖房 電熱暖房 加温燃料 電気 LPガス 灯油 A重油 換気 自然換気 強制換気 自動開閉装置 換気扇 冷房 冷水潅流装置 ミストアンドファン式 パッドアンドファン式 温室クーラー 細霧冷房 湿度 加湿 ミスト装置 光の調節 潅水自動制御装置 植物育成用ランプ 遮光 土壌水分調節 潅水設備 排水施設
		選果貯蔵施設	共同選果場 非破壊選果 光センサ 糖度センサ カラーセンサ 低温貯蔵施設 CA貯蔵施設
	施設栽培	果樹の施設栽培	丸屋根式・単棟 丸屋根式・連棟 両屋根式・単棟 両屋根式・連棟 超早期加温 早期加温 標準加温 後期加温 休眠打破 根域制限栽培（コンテナ・ボックス） 養液栽培 マルチング栽培 貯蔵とキュアリング
	果樹用の機械		
	病害虫防除	病害虫防除の基礎	化学的防除 生物的防除 物理的防除 IPM 防除履歴 農薬散布作業の安全 農薬希釈計算
	その他		貯蔵・利用加工
畜産	畜産をめぐる動向		家畜の飼養動向、畜産物の需給動向、畜産物の輸出入動向、畜産経営安定対策
	ウシ	品種	乳牛（ホルスタイン・フリージアン種 ジャージー種 ガンジー種 エアシャー種 ブラウン・スイス種 ） 肉牛（黒毛和種 無角和種 褐毛和種 日本短角種 海外の主要肉用牛品種）

科目	作物名・領域	単元	細　目
畜産	ウシ	外ぼう　生理・解剖	各部の名称　乳器　体型の測定法　消化器　メスの生殖器
		病気	結核　ブルセラ病　鼓脹症　乳房炎　乳熱　カンテツ症　低マグネシウム血症　ケトーシス　第4胃変位　フリーマーチン　ルーメンアシドーシス　炭疽　牛海綿状脳症（BSE）　口蹄疫
	ブタ	品種	ランドレース種　ハンプシャー種　大ヨークシャー種　デュロック種　バークシャー種　中ヨークシャー種
		外ぼう　繁殖　生理・解剖	各部の名称　消化器　メスの生殖器
		病気	豚熱　豚丹毒　萎縮性鼻炎　トキソプラズマ病　日本脳炎　寄生虫　豚流行性肺炎　オーエスキー病　口蹄疫
	ニワトリ	品種	卵用種　白色レグホーン種
			肉用種　白色コーニッシュ種　白色プリマスロック種
			卵肉兼用種　横はんプリマスロック種　ロードアイランドレッド種　名古屋種
		その他品種	観賞用種　JAS地鶏　等
		外ぼう	各部の名称
		生理・解剖	骨格　産卵鶏の生殖器　消化器
		病気	ひな白痢　ニューカッスル病　鶏痘　鶏白血病　鶏ロイコチトゾーン症　マレック病　呼吸器性マイコプラズマ病
			鶏コクシジウム症　鶏伝染性気管支炎　鶏伝染性こう頭気管炎　寄生虫　高病原性鳥インフルエンザ　伝染性コリーザ
	家畜の飼育	飼育の基礎	役畜　草食動物　肉食動物　雑食動物
		家畜の育種	形質の遺伝　選抜　交配　改良目標　審査・登録
		家畜の繁殖と生理	解剖と生理　繁殖とホルモン　生殖細胞　発情と発情周期（性周期）　人工授精　精液　妊娠と分娩　繁殖障害　妊娠期間　初乳成分　胚移植技術
		家畜の栄養と飼料	栄養素　代謝　消化吸収　飼養標準　飼料の加工処理　飼料の貯蔵　飼料の種類と特性　無機質飼料　単胃動物　反すう動物　飼料要求率　TDN
		飼料作物・飼料	牧草　粗飼料　濃厚飼料　青刈作物　サイレージ　乾草　ヘイレージ　穀類　植物性油粕類　ぬか類　製造粕類　動物質飼料　草地と放牧
		家畜の管理	家畜の生産と環境　育成管理　家畜の健康管理　糞尿処理　生産指標（計算を含む）
		用具・器具　繁殖用具　衛生用具	標識　脚帯ペンチ　耳標装着器　耳刻器　削蹄用具　ふ卵器　給餌器　給水器　検卵器　育すう器　洗卵選別器　デビーカー　牛鼻かん　牛鼻かん子　体尺計　キャリパー　ミルカー　スタンチョン　バルククーラ　カウトレーナー　胴締器　観血去勢器　無血去勢器　除角用具　人工授精用具　ストローカッター　凍結精液保存器　子宮洗浄用具　聴診器　導乳器　胃カテーテル　外科刀　外科ばさみ　毛刈りばさみ　膣鏡　開口器　血球計算盤　集卵器　縫合針　縫合糸　持針器　連続注射器　ストリップカップ　ティートディップビン
		家畜の衛生　薬剤　ワクチン　ホルモン剤	家畜衛生関係法規　疾病の原因と予防　消毒の原理と方法　健康診断法（体温、呼吸、脈拍、糞尿等）　抗生物質　ヨードチンキ　逆性石けん　クレゾール石けん　消毒用アルコール　オルソ剤　寄生虫駆除剤　薬剤の調合・希釈　生ワクチン　不活化ワクチン　接種　卵胞刺激ホルモン（FSH）　LH（黄体形成ホルモン）　オキシトシン　ヒト絨毛性性腺刺激ホルモン（hCG）　妊馬血清性性腺刺激ホルモン（PMSG）　プロスタグランジン$F2\alpha$（$PGF2\alpha$）
	畜産物の利用	乳	乳成分　牛乳　チーズ　バター　ヨーグルト　アイスクリーム　殺菌法
		肉	枝肉（牛・豚）　枝肉歩留　脂肪交雑　ハム　ソーセージ　ベーコン　枝肉格付け
		卵	鶏卵の構造　鶏卵の品質　マヨネーズ

科目	作物名・領域	単元	細目
畜産	施設・機械	酪農施設	スタンチョン方式 フリーストール方式 タイストール方式 ルーズバーン方式 カーフハッチ ペン サイロ ミルキングパーラ バーンクリーナ バーンスクレーパ
		養豚施設	ウィンドウレス豚舎 開放豚舎 おが粉豚舎 繁殖豚房 分娩豚房 子豚育成豚房 雄豚房 群飼豚房 肥育豚房 分娩柵 デンマーク式豚舎 すのこ式豚舎 SPF豚舎
		養鶏施設	自動除糞機 ウインドウレス鶏舎 開放鶏舎 自動集卵機 ケージ鶏舎 平飼い鶏舎 バタリー式
		飼料用収穫調製機械	飼料作物の栽培などに利用する農業機械 （フォレージハーベスタ コーンハーベスタ モーアコンディショナ ヘイコンディショナ ヘイテッダ ヘイレーキ ロールベーラ マニュアスプレッダ ディスクモーア など）
食品	食品をめぐる動向		食料消費をめぐる変化 食品表示・安全対策の動向
	農産物加工の意義	目的と動向	食品の特性 貯蔵性 利便性 嗜好性 簡便性 栄養性
	食品加工の基礎	食品の分類	食品標準成分表 乾燥食品 冷凍食品 塩蔵・糖蔵食品 ビン詰・缶詰・レトルト食品 インスタント食品 発酵食品
		栄養素	炭水化物 脂質 タンパク質 無機質 ビタミン 機能性
		食品成分分析	基本操作 基本的な分析法 水分 タンパク質 脂質 炭水化物 還元糖 無機質 ビタミン pH 比重 感応検査 テクスチャー
	食品の変質と貯蔵	変質の原因	生物的要因 発酵と腐敗 微生物検査 物理的要因 化学的要因
		貯蔵法	貯蔵法の原理 乾燥 水分活性 低温 低温障害 MA貯蔵 殺菌 微生物の耐熱性 浸透圧 pH くん煙 抗酸化物質
	食品衛生	食中毒	食品衛生 食中毒の分類 有害物質による汚染 食品による感染症・アレルギー 食品添加物
		衛生検査	異物検査 微生物検査 水質検査 食品添加物検査
	食品表示と包装	法律	食品表示法 食品衛生法 JAS法 食品安全基本法 健康増進法 製造物責任法
		包装	包装の目的・種類 包装材料 包装技術 包装食品の検査 包装容器リサイクル法
	農産物の加工	穀類	米 麦 トウモロコシ ソバ デンプン タンパク質 米粉 小麦製粉 餅 パン 菓子類 まんじゅう めん類 加工法
		豆類・種実類	大豆 落花生 あずき インゲン 脂質 タンパク質 ゆば 豆腐・油揚げ 納豆 みそ しょうゆ テンペ あん もやし 加工法
		いも類	ジャガイモ サツマイモ いもデンプン ポテトチップ フライドポテト 切り干しいも いも焼酎 こんにゃく 加工法
		野菜類	成分特性 鮮度保持 冷凍野菜 カット野菜 漬物 トマト加工品
		果樹類	成分特性 糖 有機酸 ペクチン ジャム 飲料 シロップ漬け 乾燥果実 カット果実
	畜産物の加工	肉類	肉類の加工特性 ハム ソーセージ ベーコン スモークチキン 塩漬 くん煙
		牛乳	牛乳の加工特性 脂肪 タンパク質 検査 牛乳 発酵乳 乳酸菌飲料 チーズ アイスクリーム クリーム バター 練乳 粉乳
		鶏卵	鶏卵の構造 鶏卵の加工特性 マヨネーズ ゆで卵 ピータン
	発酵食品	微生物	発酵 腐敗 細菌 糸状菌 酵母
		みそ・しょうゆ	製造の基礎 原料 麹 酵母
		酒類	製造の基礎 酵素 ワイン ビール 清酒 蒸留酒
	製造管理	機械装置	加熱装置 熱交換器 冷却装置
		品質管理	品質管理の必要性 従業員の管理と教育 設備の配置と管理
		作業体系	作業体系の点検と改善 ISO HACCP

（注）2級の出題領域表は、「農作業の栽培管理等が可能な基本レベル」としての目安としての例示ですので、実用面を考慮して、これ以外から出題されることもあります。

2022年度　第1回（7月9日実施）

日本農業技術検定　2級　試験問題

◎受験にあたっては、試験官の指示に従って下さい。
　指示があるまで、問題用紙をめくらないで下さい。
◎受験者氏名、受験番号、選択科目の記入を忘れないで下さい。
◎問題は全部で50問あります。1～10が農業一般、11～50が選択科目です。
　選択科目は1科目だけ選び、解答用紙に選択した科目をマークして下さい。
　選択科目のマークが未記入の場合には、得点となりません。
◎すべての問題において正答は1つです。1つだけマークして下さい。
　2つ以上マークした場合には得点となりません。
◎試験時間は60分です（名前や受験番号の記入時間を除く）。

【選択科目】

作物	p.22～33
野菜	p.34～47
花き	p.48～60
果樹	p.61～76
畜産	p.77～87
食品	p.88～99

解答一覧は、「解答・解説編」（別冊）の2ページにあります。

日付			
点数			

農業一般

1 □□□

次の図で説明している農業政策の名称として、最も適切なものを選びなさい。
①米・畑作物の収入減少影響緩和対策
（ナラシ対策）
②畑作物の直接支払交付金（ゲタ対策）
③農業経営の収入保険制度
④人・農地プラン
⑤農業共済制度

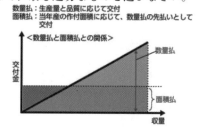

数量払：生産量と品質に応じて交付
面積払：当年産の作付面積に応じて、数量払の先払いとして
交付

＜数量払と面積払との関係＞

2 □□□

わが国の野菜の輸入量（2021年）で最も多いものはどれか、適切なものを選びなさい。
①カボチャ
②キャベツ
③ジャガイモ
④タマネギ
⑤トマト

3 □□□

食品の品質保証に関連するおもな法律のうち、食品に起因する危害発生を防止することが目的で、安全性の面から食品が満たすべき条件を規定した法律として、最も適切なものを選びなさい。
①食品安全基本法
②消費者基本法
③食品衛生法
④景品表示法
⑤不正競争防止法

4 □□□

下図は企業経営の収益目標と家族経営の収益目標を示した図である。A～Eには、農業生産費、農業経営費、農企業利潤、農業利潤、農業所得のいずれかがあてはまる。Dにあてはまるものとして、最も適切なものを選びなさい。

①農業生産費
②農業経営費
③農企業利潤
④農業利潤
⑤農業所得

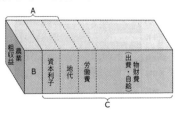

（企業経営の収益目標）

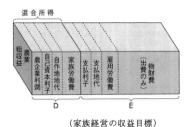

（家族経営の収益目標）

5 □□□

国の制度資金には、日本政策金融公庫が融資を行う日本政策金融公庫資金と、組合金融機関の資金を原資とする貸付金に国または地方公共団体の利子補給などが行われ、組合金融機関が融資を行う資金とがある。後者の組合金融機関が融資する国の制度資金として、最も適切なものを選びなさい。

①農業改良資金
②農業経営基盤強化資金（スーパーL資金）
③経営体育成強化資金
④農業近代化資金
⑤青年等就農資金

6 □□□

一定の土地からの収穫量は、生産要素の投入量の増大に応じてある点までは増加するが、その点を超えると減少していくことを何というか、最も適切なものを選びなさい。
①比較有利性の原則
②収穫漸減の現象
③アグリカルチュラルラダー
④トレーサビリティ
⑤アウトソーシング

7 □□□

野生鳥獣による農作物被害は農山村に深刻な影響を及ぼしている。2020年度の農作物被害額の最も多い野生鳥獣はどれか、適切なものを選びなさい。
①鳥類（カラス、カモ等）
②クマ
③サル
④イノシシ
⑤シカ

8 □□□

次の（　　　）にあてはまる法律名として、最も適切なものを選びなさい。

「海外でのブランド化に向けて、育成者権者が海外への登録品種の持ち出しを制限できる改正（　　　）が2022年4月に完全施行された。」

①特許法
②6次産業化法
③産業競争力強化法
④種苗法
⑤食料・農業・農村基本法

9 □□□

地域には生産地などの特性が品質等の特性に結びついている産品が多く存在している。これらの産品の名称を地域財産として登録し、保護する制度として、最も適切なものを選びなさい。

①地理的表示（GI）保護制度
②特定農産物保護制度
③指定種苗制度
④セーフガード
⑤EPA

10 □□□

農作業事故の未然防止のために普及が進められている取り組みとして、最も適切なものを選びなさい。

①JAS
②JFS
③GAP
④TTP
⑤HACCP

選択科目（作物）

11 □□□

イネの形態的特性について、最も適切なものを選びなさい。
　①第2葉以降のイネの葉は葉身と葉鞘に分かれ、おもに葉身は日中に光合成を行い、葉鞘は分化・成長する葉や穂を包んで保護する役割がある。
　②葉鞘は葉や穂を保護する葉であり、光合成は行われない。
　③イネの葉脈に沿って機動細胞があり、水分不足のときに葉身を広げる役割をしている。
　④葉で作られた光合成産物の糖は、道管を通して茎や根に送られる。
　⑤イネはカリを吸収し、葉の表皮にガラスのような膜をつくり植物体を覆う。

12 □□□

イネの生育と温度に関する説明として、最も適切なものを選びなさい。
　①苗〜幼穂分化期頃は、水温より気温の影響を最も強く受ける。
　②イネの生育において、最も低温に敏感な時期は移植期頃である。
　③登熟期の成長は気温より水温の影響を最も強く受ける。
　④冷害年では、米の一部が白くにごった白未熟米が増え品質が低下する。
　⑤登熟期には、昼温と夜温の差が大きいほど登熟がよい。

13 □□□

イネの水管理について、最も適切なものを選びなさい。
　①イネの一生のなかで、かんがい水を最も必要とする時期は分げつ期である。
　②移植後は浅水で管理することで、活着を促す。
　③出穂期頃から1週間ほど、土壌中に酸素を供給し根張りを良くするための中干しを行う。
　④出穂期前後に水が不足すると、受精・稔実障害がおこるため、水深を保つ必要がある。
　⑤高温が懸念される場合、高温障害を回避・軽減するため、幼穂分化期以降はかんがい水を停止する。

14 □□□

イネの種子塩水選について、最も適切なものを選びなさい。
　①塩水選の比重はうるち種1.08、もち種では1.13である。
　②塩水選後は、水洗いして、充分に塩分を除去する。
　③塩水選は食塩のほかに、塩安や硝安を用いることもある。
　④塩水選では、浮いたもみを種子として用いる。
　⑤塩水選は病気の除去のために行うので、種子消毒は不要である。

15 □□□

イネの育苗管理について、最も適切なものを選びなさい。
　①出芽直後は直射日光に充分あて、緑化を促す。
　②育苗の前半は低温で、後半は高温で管理する。
　③育苗器での出芽は鞘葉が2 cm 以上の長さにする。
　④苗立枯れ病はヒメトビウンカが媒介する。
　⑤徒長苗は高温、水分過多、多肥、播き過ぎなどで出やすくなる。

16 □□□

イネの稚苗の説明として、最も適切なものを選びなさい。なお、不完全葉を第1葉とする。
　①葉齢2.0前後を中心に3.0に満たない苗である。
　②葉齢3.2前後の苗をいい、活着力が優れている。
　③葉齢が5.0前後で、草丈が16cm 程度の苗である。
　④寒・高冷地などで出穂期が遅れないようにしたい場合に用いる。
　⑤葉齢が6.0以上の苗であり、古くから手植え用に使われている。

17 □□□

イネのむれ苗に関する説明として、最も適切なものを選びなさい。
　①発生時期は一般に出芽期から4葉齢頃である。
　②発生の原因はピシウム菌などの土壌病原菌である。
　③症状として地ぎわが腐り、上に引っ張ると根もとからちぎれる。
　④土中の種もみの周囲に赤や赤紫色のカビが生え、甘酸っぱいにおいがする。
　⑤著しい低温にあった場合やその後に再び高温になると発生しやすい。

18 □□□

イネの施肥について、最も適切なものを選びなさい。
　①側条施肥は田植機の両脇に散布するので、田植機の下は散布しない。
　②全層施肥は、追肥として水田の表層全面に施肥する施肥法である。
　③施肥は、窒素を全量基肥、リン酸とカリを追肥で施用することが多い。
　④全量基肥施肥には被覆肥料などの緩効性肥料を用いる。
　⑤速効性肥料は追肥に使用し、基肥では用いない。

19 □□□

イネの1株の分げつ数を多くする環境条件として、最も適切なものを選びなさい。
　①密植栽培する。
　②低窒素条件下で栽培する。
　③浅水栽培する。
　④深水栽培する。
　⑤低リン酸条件下で栽培する。

20 □□□

ケイ酸資材の施用法について、最も適切なものを選びなさい。
　①床土の代替えとして全量ケイ酸資材を使用する。
　②イネ収穫後の切りわらのすき込み時にケイ酸資材を施用する。
　③倒伏軽減のため、イネの出穂後にケイ酸資材を施用する。
　④ケイ酸資材施用により、葉が垂れ、登熟が阻害される。
　⑤ケイ酸資材の施用は、病害虫被害を助長する。

21 □□□

イネの収穫・調製に関する記述として、最も適切なものを選びなさい。
　①イネの刈り取り適期は水田全体が黄金色になったときである。
　②刈り取りが遅くなると割れ米や茶米は少なくなる。
　③登熟が進むと粒が乾燥して重さが軽くなるので早刈りが有利である。
　④イネの収穫は自脱コンバインにより刈り取りと脱穀を同時に行うのが一般的である。
　⑤もみの乾燥は乾燥機を用いて水分を20％台まで仕上げる。

22　□□□

イネのおもな病害虫の防除法として、最も適切なものを選びなさい。
　①ごま葉枯れ病は、ウイルスを媒介するヒメトビウンカの防除が大切である。
　②いもち病は、土壌消毒や育苗時の温度・水管理に注意する必要がある。
　③紋枯れ病は、センチュウによる被害が発生するので、薬剤の葉面散布が必要である。
　④白葉枯れ病は、糸状菌による葉身などへの被害のため、水管理に注意する。
　⑤しま葉枯れ病は、ウイルスを媒介するヒメトビウンカの防除が大切である。

23　□□□

水田の雑草防除について、最も適切なものを選びなさい。
　①水田の均平が不十分でも、移植後の除草剤散布により安全に雑草防除ができる。
　②しょく土は砂土より除草剤の薬害が出やすい。
　③除草剤処理後3日間止め水をした。
　④アイガモの放飼により、水田の除草、駆虫、中耕などの効果が得られる。
　⑤収穫後の耕起は多年生雑草を増加させる。

24　□□□

写真の水田によく発生する雑草の名称として、最も適切なものを選びなさい。
　①オモダカ
　②ミズカヤツリ
　③コナギ
　④タイヌビエ
　⑤クログワイ

25 □□□

スクミリンゴガイ（ジャンボタニシ）について、最も適切なものを選びなさい。
　①深水管理は被害回避に有効である。
　②低温に強いため、冬期の耕耘は効果がない。
　③水田内にのみ生息するため、用排水路の清掃は効果がない。
　④産卵初期のピンク色の卵塊は、水中に沈めることにより駆除可能である。
　⑤タニシの仲間のため、有効な殺虫剤はない。

26 □□□

令和3年産の水田における飼料用米の作付動向について、最も適切なものを選びなさい。
　①水田での水稲作付面積約160万 ha のうち、飼料用米は約35万 ha である。
　②飼料用米の作付面積は、主食用米からの転換が進められ徐々に増加傾向にある。
　③飼料用米の作付面積は、生産量が増加傾向にある米粉用米の作付面積よりも少ない。
　④飼料用米の作付面積が多い産地は、新潟県、秋田県、山形県である。
　⑤飼料用米の生産における多収品種の作付面積は9割を超えている。

27 □□□

米の食味に関する記述として、最も適切なものを選びなさい。
　①脂肪は玄米には含まれていないため、食味には関係しない。
　②玄米の水分は10％程度が適切でおいしく感じる。
　③玄米の整粒歩合やとう精歩合と食味とは関係しない。
　④玄米のタンパク質含量は10％以上の高い方がおいしく感じる。
　⑤デンプンの成分であるアミロース含量が低い方が粘りが強く、おいしく感じる。

28 □□□

麦類の用途として、最も適切なものを選びなさい。
　①6条オオムギはビール麦と呼ばれ、ビール原料として利用されている。
　②オオムギは食用として、オートミールなどの原料として利用されている。
　③ライムギはパンの原料やウイスキーの原料として利用されている。
　④日本で生産されているコムギの大部分がパン用のコムギである。
　⑤デュラムコムギはケーキやビスケットの原料として利用されている。

29 □□□

麦類の一般的な特性について、最も適切なものを選びなさい。
　①耐寒性に対して、オオムギはコムギより弱い。
　②土壌のやせ地に対して、オオムギはコムギより強い。
　③土壌の酸性に対して、オオムギはコムギより強い。
　④土壌の乾湿に対して、オオムギはコムギより強い。
　⑤オオムギはコムギより収穫適期が遅い。

30 □□□

　コムギの収穫指数を見分ける診断の着眼点として、最も適切なものを選びなさい。
　①穂の高さが上下にバラツキをつくり、大きさがそろっていない。
　②穂が大きく、稈が太く、上位数節の葉が長大となっている。
　③初期に発生した1次分げつが枯死しており、2次以降の分げつが生育旺盛なもの。
　④倒伏しやすいように稈の下位節間が伸びている。
　⑤穂や稈が細くコンパクトで、下位数節の葉が長大となっている。

31 □□□

写真のコムギの病害として、正しいものを選びなさい。

 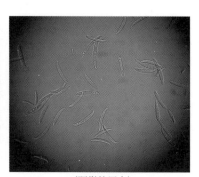

（穂の症状の写真）　　　　　　　（顕微鏡写真）

　①コムギ赤さび病
　②コムギ黄さび病
　③コムギうどんこ病
　④コムギ赤かび病
　⑤コムギ裸黒穂病

32 □□□

コムギのなまぐさ黒穂病に関する説明として、最も適切なものを選びなさい。
①病徴は茎葉には発生しない。
②種子消毒は効果がない。
③発病穂は健全穂に比べて草丈が半分程度と短くなる。
④遅まきや浅まきすると、発病を抑制する。
⑤ウイルスによって発生する。

33 □□□

トウモロコシの成長に関する記述として、最も適切なものを選びなさい。
①生食用品種では、子実の充実をよくするために葉面積指数が高いほどよい。
②青刈り・サイレージ用品種では、地上部全体を利用するため、葉面積指数を高くすると収量が増加する。
③過繁茂になっても植物体に影響はなく、支柱根が出るので倒伏することはない。
④生食用品種では、子実の充実をよくするために葉面積指数は１０以上にする必要がある。
⑤絹糸抽出前に地上部の植物体重量が最大となる。

34 □□□

写真のトウモロコシの茎を食害する害虫の名称として、正しいものを選びなさい。
①アワノメイガ
②ネキリムシ
③ヨトウムシ
④ハスモンヨトウ
⑤マメシンクイガ

35 □□□

ダイズの形態について、最も適切なものを選びなさい。
①ダイズの葉はすべて複葉である。
②播種後１か月を過ぎると根に感染した菌が根粒をつくる。
③発芽後の子葉は地中に残り、初生葉が地上に展開する。
④花芽は主茎の先端に着く。
⑤ダイズのへそは豆とさやが維管束で結びついていた跡である。

36 □□□

ダイズ栽培に関する記述として、最も適切なものを選びなさい。
　①発芽の適温は10〜15℃の低温である。
　②わが国のダイズの栽培品種は、ほとんどが無限伸育型である。
　③中耕・土寄せは、根を切ってしまい生育が遅れるため行ってはならない。
　④ダイズの摘心栽培は、分枝の増加や過剰生育抑制効果がある。
　⑤ダイズの根は直根で、移植栽培はできない。

37 □□□

ダイズのモザイク病の説明として、最も適切なものを選びなさい。
　①葉が萎縮し、子実に褐色から黒色の斑紋が生じ品質が著しく低下する。
　②子実の一部が淡紫色や全体が濃紫色になり、品質が著しく低下する。
　③葉に円形や不整形の黄白色の病斑があらわれる。
　④土壌伝染性の病害で、茎の地際部や根をおかし、立ち枯れを起こさせる。
　⑤わい化型、縮葉型、黄化型の症状があり、生育不良や着莢が著しく悪くなる。

38 □□□

写真に示されるダイズほ場の害虫被害の要因として、最も適切なものを選びなさい。
　①マメシンクイガ
　②ダイズシストセンチュウ
　③ホソヘリカメムシ
　④フキノメイガ
　⑤ダイズサヤタマバエ

39 □□□

納豆の用途としての適性が高いダイズの品種として、最も適切なものを選びなさい。
①フクユタカ
②エンレイ
③リュウホウ
④スズマル
⑤丹波黒

40 □□□

ジャガイモの栽培に関する説明として、最も適切なものを選びなさい。
①ジャガイモ栽培では比較的低温で曇雨天が続くといもち病が発生しやすい。
②種いもは20～30gのものがよく、そのまま定植すると収量があがる。
③種いもを切断して使用する場合は、頂部と基部を結ぶ線で縦割りとする。
④培土は3回程度行い、最終培土は開花後10日頃に行うとよい。
⑤芽掻き（除茎）で茎を多く残すと、いもが大きく育つ傾向がある。

41 □□□

写真のジャガイモの害虫の名前として、正しいものを選びなさい。
①ワタアブラムシ
②ナストビハムシ
③ジャガイモシストセンチュウ
④ジャガイモガ
⑤マルクビクシコメツキ

42 □□□

ジャガイモのえき病の説明として、最も適切なものを選びなさい。
①えき病は種いもを越冬させることにより、罹病塊茎を死滅させることができるので、自家採種した種いもを用いることができる。
②前年の塊茎を畑周辺部に残さず、1次発生源を少なくすることで発生を抑制することが望ましい。
③窒素の多施用を行うことで、分生胞子の発芽を抑制することが望ましい。
④地上部のみに病状を示すウイルス性の病害であるので、収穫には影響しない。
⑤抵抗性品種を栽培することにより、まったく発生しない。

43 □□□

サツマイモについて、最も適切なものを選びなさい。
①生産量の最も多い都道府県は茨城県で、次が千葉県である。
②サツマイモ栽培では窒素施肥が多いと収量が増加する。
③サツマイモの用途は、焼酎用が最も多く、次がデンプン用である。
④サツマイモは塊根になった部分を利用する。
⑤サツマイモの生産量はアメリカ合衆国が最も多い。

44 □□□

サツマイモの若根分化に関する記述として、最も適切なものを選びなさい。
①乾燥し、土が硬く、高温環境だと、形成層の細胞分裂があまりさかんではなくなり、中心柱の木化程度が小さい場合は細根になりやすい。
②通気が悪く、多窒素で過湿環境だと、形成層の細胞分裂がさかんになり、中心柱の木化程度が小さい場合は塊根になりやすい。
③通気が良く、多カリでやや低温環境だと、形成層の細胞分裂があまりさかんではなくなり、中心柱の木化程度が小さい場合は梗根になりやすい。
④通気が良く、多カリでやや低温環境だと、形成層の細胞分裂がさかんになり、中心柱の木化程度が小さい場合は塊根になりやすい。
⑤通気が悪く、多窒素で過湿環境だと、形成層の細胞分裂があまりさかんではなくなり、中心柱の木化程度が小さい場合は梗根になりやすい。

45 □□□

サツマイモ基腐れ病について、最も適切なものを選びなさい。
①病原菌は細菌病の仲間である。
②種いもや苗からは感染はしない。
③発病株のいもは、なり首側から腐敗する。
④10℃以下の低温を好む。
⑤サツマイモのほか、ジャガイモやサトイモなど多くのいも類に被害をおよぼす。

46 □□□

複合肥料「8－12－6」を用いて窒素成分を10a当たり8 kgを施す場合、ほ場50aではこの複合肥料を何kg施用すればよいか、最も適切なものを選びなさい。
①100kg
②200kg
③300kg
④400kg
⑤500kg

47 □□□

写真の畑作物用収穫調製機械で収穫できる作物として、正しいものを選びなさい。
①ジャガイモ
②イネ
③トウモロコシ
④ムギ
⑤ダイズ

48 □□□

高性能自脱型コンバインの機能の概要について、最も適切なものを選びなさい。
　①馬力が大きく、公道を自走できる。
　②籾水分を測定する場合、収穫作業を中断しなければならない。
　③収穫作業終了後、食味値を測定でき、食味計を兼ねることができる。
　④水田の収穫量のバラツキを計測することができ、翌年の施肥設計に役立てることが可能である。
　⑤スマート農業機械のため、操作性が劣り、作業者のストレスが増加する。

49 □□□

水田水位センサー効果の概要について、最も適切なものを選びなさい。
　①センサーが正しく機能しているか毎日確認する必要がある。
　②中山間地等通信網が未整備な地域でも問題なく使用可能である。
　③センサーの精度が高いため、田面の高低差があっても問題はない。
　④センサーによる水位計測は、除草剤や冷害回避等には役立たない。
　⑤台風等の水田見回りを避けることができ、気象災害時の事故回避が可能である。

50 □□□

抵抗性品種の利用や栽培方法の工夫、天敵生物の利用、田畑の衛生管理、そしてやむを得ない場合の薬剤散布というように、さまざまな手段によって病害虫が増えないように管理し、作物被害を防ぐ方法として、最も適切なものを選びなさい。
　①リサージェンス
　②化学的防除
　③IPM防除
　④生物的防除
　⑤物理的防除

選択科目（野菜）

11 □□□

農林水産省が選定する指定野菜の組み合わせとして、最も適切なものを選びなさい。

①キュウリ　　－　ブロッコリー　－　ジャガイモ
②ナス　　　　－　キャベツ　　　－　ゴボウ
③カボチャ　　－　レタス　　　　－　タマネギ
④トマト　　　－　サトイモ　　　－　ホウレンソウ
⑤ネギ　　　　－　ピーマン　　　－　イチゴ

12 □□□

次の野菜種子の中から、キュウリと同じ科の種子を選びなさい。

① 　　　　② 　　　　③ 　　　　④ 　　　　⑤

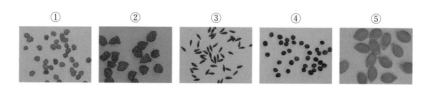

13 □□□

次の野菜の花の写真の中から、イチゴの花を選びなさい。

① 　　　　② 　　　　③ 　　　　④ 　　　　⑤

14 □□□

「冬から早春にかけてハウス内に播種または定植し、生育前半のみを保温・加温した後、自然の気象条件下での栽培に移す」作型の名称として、最も適切なものを選びなさい。
　　①促成栽培
　　②半促成栽培
　　③早熟栽培
　　④抑制栽培
　　⑤普通栽培

15 □□□

トマトのチャック・窓開き果の発生を誘発する環境要因として、最も適切なものを選びなさい。
　　①降雨による土壌水分の急激な変化
　　②果実肥大期の高温・乾燥
　　③花芽分化期の低温遭遇
　　④果実肥大期の強日射
　　⑤着果後の日照不足と多湿

16 □□□

トマトの空洞果の説明として、最も適切なものを選びなさい。
　　①高温や低温のため受粉が不良となり、種子が充分にできないことが原因である。
　　②高温や乾燥、窒素肥料の過剰施肥などによりカルシウムの吸収が抑えられ発生する。
　　③土の乾湿が激しいときに発生しやすく、果皮に裂け目ができる。
　　④花のときから奇形であることが多いので、早い時期に摘果する。
　　⑤維管束部分の褐変が維管束に沿ってすじ状にあらわれ、その部分が着色不良となる。

17 □□□

キュウリのブルームについて、最も適切なものを選びなさい。
　　①ブルームのおもな成分はカルシウムである。
　　②ブルームのおもな成分はケイ素である。
　　③ブルームのおもな成分はマグネシウムである。
　　④ブルームがなく光沢のある果実がブルームキュウリと呼ばれる。
　　⑤ブルームの有無は品種で決まるので、接ぎ木の台木の選択で出現をコントロールできない。

18 □□□

　キュウリにおいて、次の欠乏症状が現れる元素として、最も適切なもの選びなさい。

「症状は下葉から現れ、葉縁より黄化した後に縁枯れを示したり、葉面に不規則な大型斑点を生じたりする。果実肥大にも影響をおよぼす。」

　　①窒素
　　②リン酸
　　③カリウム
　　④カルシウム
　　⑤マグネシウム

19 □□□

　写真はキュウリのべと病の発生初期である。この病害の説明として、最も適切なものを選びなさい。

　　①キュウリのほかにメロン、カボチャなどウリ科野菜のみに発生する。
　　②30℃以上の高温・乾燥条件で多発する。
　　③水はけが悪く雨が多いと発生しやすい。
　　④最初は葉に発生し、しだいに茎・果実も侵される。
　　⑤細菌が原因となる病害である。

20 □□□

写真に示すナスの花の状態（おしべの上に柱頭がつき出た状態）を表す名称とその説明について、最も適切なものを選びなさい。

①中花柱花といい、肥料または水分、日照が不足して着果しにくい状態である。
②短花柱花といい、肥料または水分、日照が不足して着果しにくい状態である。
③長花柱花といい、肥料または水分、日照が不足して着果しにくい状態である。
④短花柱花といい、生育が良好で、着果しやすい状態である。
⑤長花柱花といい、生育が良好で、着果しやすい状態である。

21 □□□

写真の夏秋ナスの症状の説明として、最も適切なものを選びなさい。

①スズメガの幼虫による被害
②ヒメハナカメムシによる被害
③チャノホコリダニによる被害
④灰色かび病による被害
⑤青枯れ病による被害

22 □□□

写真のナス科植物を食害する害虫の名称として、最も適切なものを選びなさい。
① キスジノミハムシ
② アブラムシ類
③ ハダニ類
④ ニジュウヤホシテントウ
⑤ ヨトウムシ

23 □□□

写真はブロッコリーの不整形花蕾（からい）である。この生理障害の発生の原因として、最も適切なものを選びなさい。
① 高温と花蕾（からい）肥大期の窒素過多
② 育苗期の低温と活着不良
③ 花芽分化期の高温と肥料切れ
④ 花蕾（からい）肥大期の乾燥と過熟
⑤ 定植後の低温遭遇と肥料切れ

24 □□□

レタスの生育と環境に関する説明として、最も適切なものを選びなさい。
① 土壌が乾燥すると結球が促進される。
② 葉の生育は酸性の土壌で促進される。
③ 10℃以下になると生育が悪くなる。
④ 26℃以上の高温になると発芽する。
⑤ 根は深根性で乾燥には強い。

25　□□□

ホウレンソウに関する説明として、最も適切なものを選びなさい。
　①短期間で収穫できるが、軟弱野菜なので輪作にはとり入れにくい。
　②土壌適応性が広く、酸性の土壌でも生育に問題はない。
　③雄花と雌花が同一の個体に咲く雌雄同株である。
　④寒さに強く−10℃の低温まで耐えることができる。
　⑤生育初期に高温にあうと花芽分化が促進される。

26　□□□

ダイコンに関する説明として、最も適切なものを選びなさい。
　①子葉下の胚軸からも側根が発生する。
　②「三浦ダイコン」は耕土が浅くかたい土でも根の伸長はよい。
　③根は4℃以下の低温でもよく肥大する。
　④根は木部と師部がともに肥大する。
　⑤白首の「みの早生ダイコン」は暑さに強い夏ダイコンである。

27　□□□

ダイコンの花芽分化・開花に関する説明として、最も適切なものを選びなさい。
　①いったん花芽分化しても、その後に高温が続くと花芽分化を抑えることが
　　できる。
　②高温・長日により花芽分化する。
　③平均気温15℃以下の低温が続くと花芽分化する。
　④花芽分化後は、短日で抽だい・開花する。
　⑤低温に感応して花芽分化する生育時期は、吸水した種子のときだけである。

28　□□□

　ニンジン栽培の説明のA〜Cに入る語句の組み合わせとして、最も適切なもの
を選びなさい。

　「種子の発芽率が低いため、（A）にする。また、（B）種子であるため覆土は
（C）する。」

```
　　　A　　　　　　　B　　　　　C
①厚まき　　―　　嫌光性　　―　　厚く
②厚まき　　―　　好光性　　―　　薄く
③薄まき　　―　　嫌光性　　―　　厚く
④薄まき　　―　　嫌光性　　―　　薄く
⑤薄まき　　―　　好光性　　―　　薄く
```

29 □□□

キャベツ根こぶ病の予防の説明として、最も適切なものを選びなさい。
　①台風直後に発生するので、殺菌剤を散布する。
　②抵抗性品種はないので、土壌の pH をアルカリ性にし、排水を良くして連作を避ける。
　③土壌の pH をアルカリ性に保ち、土壌水分を高めに維持し、抵抗性品種を用いる。
　④土壌の pH をアルカリ性に保ち、排水を良くして連作を避け、抵抗性品種を用いる。
　⑤土壌の pH を酸性に保ち、排水を良くして連作を避け、抵抗性品種を用いる。

30 □□□

ハクサイの生育特性として、最も適切なものを選びなさい。
　①種子が吸水して活動を始めた直後から一定期間高温にあうと花芽分化する。
　②温暖・短日の環境下で花芽の発育が促進される。
　③根が地中深くに張ることがないため、乾燥には弱い。
　④冷涼な気候を好み、結球期以降になると耐暑性が高まる。
　⑤結球には昼夜の温度が影響し、夜温が高いと葉球の締まりが悪くなる。

31 □□□

イチゴ栽培の説明として、最も適切なものを選びなさい。
　①ランナーは、12時間以下の短日と12℃以下の低温でよく発生する。
　②花芽分化は、12時間以下の短日と10～17℃の低温で促進される。
　③乾燥を好み、水分は比較的少ない方が生育はよい。
　④根が深根性であり、砂質土で栽培しやすい。
　⑤花芽分化期よりもさらに高温・長日になると休眠に入り、株がわい化する。

32 □□□

イチゴの養液栽培では、写真のように栽培ベッドを高い位置にする高設栽培が普及している。その説明として、最も適切なものを選びなさい。

①作業姿勢が高くなり管理や収穫の労働負担は大きくなるが、施設内の見栄えがよくなるから。
②立ったまま収穫できるので、地床栽培と比較して収穫の労働負担が軽減できるから。
③栽培ベッドが高いと冬の夜間の温度が高くなり、暖房費が削減できるから。
④栽培ベッドが高いと夏の日中温度が低くなり、花芽分化が促進できるから。
⑤栽培ベッドが高いと、設置コストが安くなるから。

33 □□□

イチゴの炭そ病に関する説明として、最も適切なものを選びなさい。
①育苗期の発生は少ないので、定植後の対策が重要である。
②高温期だけでなく秋以降の低温期にも発生が多い。
③発病した被害残さの組織に形成された子のう殻が伝染源となる。
④空気伝染するため、降雨やかん水の影響は少ない。
⑤アブラムシによる伝染がみられるので、害虫の防除対策が重要である。

34 □□□

タマネギの生育特性として、最も適切なものを選びなさい。
　①冷涼な気候を好み、耐寒性は強い。
　②温暖な気候を好み、耐寒性は弱い。
　③土壌が乾燥するとりん茎の肥大は良くなる。
　④根は浅根性で乾燥に強く、吸肥力も強い。
　⑤根は深根性で乾燥に強く、吸肥力も強い。

35 □□□

タマネギの花芽分化と抽だいの説明として、最も適切なものを選びなさい。
　①タマネギの花芽分化と抽だいは、日長・温度による影響は受けない。
　②タマネギの種子は高温に遭遇すると花芽分化し、その後の低温、短日によって抽だいする。
　③タマネギの種子は低温に遭遇すると花芽分化し、その後の高温、長日によって抽だいする。
　④タマネギはある大きさになってから高温に遭遇すると花芽分化し、その後の低温、短日によって抽だいする。
　⑤タマネギはある大きさになってから低温に遭遇すると花芽分化し、その後の高温、長日によって抽だいする。

36 □□□

スイートコーンの記述として、最も適切なものを選びなさい。
　①雌雄異花で、受粉は昆虫が媒介する。
　②雄穂と雌穂は同時に開花する。
　③食用とする粒（子実）は種子ではなく果実にあたる。
　④絹糸の寿命は、花粉の寿命より短い。
　⑤現在の主流品種はsu遺伝子からなる普通型スイート種である。

37 □□□

スイートコーンの収穫に関する説明として、最も適切なものを選びなさい。
　①収穫適期を過ぎると水分とデンプンが減少する。
　②収穫適期は絹糸抽出後13〜18日頃である。
　③絹糸が褐色に枯れないうちに収穫する。
　④果実の先端部をむいて先端の粒がふくらんでいないうちに収穫する。
　⑤早朝に収穫する利点は、果実の温度が低いうちに収穫できることである。

38 □□□

　写真は土入れをして、うねを平らにした秋冬どり栽培の根深ネギである。この後の土寄せに関する説明として、最も適切なものを選びなさい。

①土寄せは6回程度と多くして、早くから行うとよい。
②土寄せは2回程度と少なくして、遅く行うとよい。
③夏の高温時でも土寄せは通常どおり行うとよい。
④土寄せは、うね方向から見て断面がM字型になるようにして株元部分を低くするとよい。
⑤土寄せは、毎回、葉身部と葉鞘部の分岐点を越えるくらい行うとよい。

39 □□□

　写真はメロンの台木と穂木を接ぎ木した直後であるが、この接ぎ木の方法として、最も適切なものを選びなさい。
①挿し接ぎ
②呼び接ぎ
③割り接ぎ
④切り接ぎ
⑤ピン接ぎ

40 □□□

アールスメロンにバーネットヒルフェボリットを台木として接ぎ木をする理由として、最も適切なものを選びなさい。
①つる割れ病の予防である。
②うどんこ病の予防である。
③つる枯れ病の予防である。
④低温伸長性を高めるためである。
⑤高温時の生育不良を改善するためである。

41 □□□

スイカのトンネル栽培の整枝、着果の記述として、最も適切なものを選びなさい。
①親づるは摘芯せずに伸ばし、子づるに着果させる。
②親づるは本葉5〜6葉で摘芯して、子づるに着果させる。
③1本の子づるに2果着果させる。
④親づる、子づるとも本葉5〜6葉で摘芯し、孫づるに着果させる。
⑤1本の孫づるに1果着果させる。

42 □□□

野菜のウイルスフリー苗の特徴として、最も適切なものを選びなさい。
①生理障害の発生が少なくなる。
②作業の省力化につながる。
③連作障害の対策となる。
④高品質、多収穫につながる。
⑤施肥量を削減することができる。

43 □□□

クリーニングクロップの効果として、最も適切なものを選びなさい。
①除塩
②害虫防除
③除草
④受粉
⑤保温

44 □□□

　総合的病害虫管理技術の「還元土壌消毒」の説明として、最も適切なものを選びなさい。
　　①天候にかかわらずに安定した効果が期待できる。
　　②土壌を酸化状態にすることで土壌病虫害などを死滅させる効果がある。
　　③薬剤を使った土壌消毒と比べて資材費が高価で経費がかかる。
　　④土壌消毒期間の目安として３週間程度は必要である。
　　⑤かん水状態が保てない排水のよいほ場ほど効果が期待できる。

45 □□□

野菜栽培施設の被覆資材の説明として、最も適切なものを選びなさい。
　　①野菜栽培施設の被覆資材には耐久性に優れたガラスが一般に使われている。
　　②塩化ビニルフィルムなどの軟質フィルムは柔軟性や弾力性に優れ、10年以上連続して利用できる。
　　③ポリエチレンフィルムは塩化ビニルフィルムよりも保温性が劣る。
　　④フッ素フィルムなどの硬質フィルムは毎年張り替える必要があり、耐候性に優れている。
　　⑤プラスチック系素材の硬質板はガラスより軽く、低い光透過率などの特徴がある。

46 □□□

　写真の赤色の防虫ネットによるハウス内への侵入阻止効果が期待できる害虫として、最も適切なものを選びなさい。
　　①コナジラミ類
　　②スリップス類
　　③アブラムシ類
　　④ハモグリバエ類
　　⑤ヨトウムシ類

47 □□□

養液栽培における培養液濃度を簡易に測定する装置として、最も適切なものを選びなさい。
　①EC メータ
　②CO_2メータ
　③pH メータ
　④O_2メータ
　⑤テンシオメータ

48 □□□

下記の低コスト耐候性ハウスの耐候性の要件のAとBに入る数値の組み合わせとして、最も適切なものを選びなさい。

「ガラス温室や鉄骨ハウス並の風速（ A ）m／秒以上または耐雪荷重（ B ）kg／㎡以上を備える。」

　　　A　　　B
①35　－　15
②35　－　30
③50　－　30
④50　－　35
⑤50　－　50

49 □□□

二酸化炭素の施用に関する説明として、最も適切なものを選びなさい。
　①野菜栽培の施設内の二酸化炭素は不足することはなく、施用する必要はない。
　②密閉した施設内では、夜間、二酸化炭素濃度は外気と変わらない。
　③密閉した施設内では、日中、二酸化炭素は呼吸により不足しない。
　④密閉しがちな冬期の施設内では、日の出頃から日中、二酸化炭素施用の効果は高い。
　⑤二酸化炭素発生装置の多くはプロパンガス・重油を燃焼させて使用している。

50

次の農業機械の使用用途として、最も適切なものを選びなさい。

①施肥
②播種
③土壌消毒
④天地返し
⑤定植

選択科目（花き）

11 □□□

種まきについて、最も適切なものを選びなさい。
　①種まきには殺菌した清潔な用土を使う。
　②シクラメンは明発芽種子なので、種まきではふく土をしない。
　③プリムラは明発芽種子なので、種まきではふく土をする。
　④発芽に必要な条件は、温度と水分と二酸化炭素である。
　⑤スイートピーなどの硬実種子は、事前に乾燥させると発芽がよくなる。

12 □□□

植物組織培養において、不定芽の分化を促す植物ホルモンとして、最も適切なものを選びなさい。
　①インドール酢酸
　②ナフタレン酢酸
　③ベンジルアデニン
　④ジベレリン
　⑤エチレン

13 □□□

キクのおもな病気の中で、ウイルスが原因のものとして、最も適切なものを選びなさい。
　①白さび病
　②茎えそ病
　③紋々病
　④うどんこ病
　⑤青枯れ病

14 □□□

　5月に鉢もので出荷を目標にした西洋アジサイ（ハイドランジア）の最終摘心の時期として、最も適切なものを選びなさい。
　　①2～3月
　　②4～5月
　　③7～8月
　　④9～10月
　　⑤12～1月

15 □□□

　シャコバサボテンを10月に開花させるために、8月下旬に行う処理方法として、最も適切なものを選びなさい。
　　①8時間日長となるよう短日処理を行う。
　　②昼温が30℃以上となるよう管理する。
　　③16時間日長となるよう長日処理を行う
　　④夜温が5℃以下となるよう管理する。
　　⑤戸外でじゅうぶん直射日光に当てる

16 □□□

　1Lに6gのジベレリンを含有する液剤を希釈して30ppmの散布剤を作りたい。何倍に希釈すればよいか、正しいものを選びなさい。
　　①10倍
　　②20倍
　　③100倍
　　④200倍
　　⑤1,000倍

17 □□□

令和2年において、わが国の切り花の輸入本数が最も多い品目を選びなさい。
　①ユリ
　②ヒマワリ
　③バラ
　④カーネーション
　⑤トルコギキョウ

18 □□□

一年草の説明として、最も適切なものを選びなさい。
　①種子発芽から開花、結実、枯死が1年以内に終了するもの。
　②種子発芽から開花、結実、枯死まで1年以上2年以内に終了するもの。
　③冬季に地上部を枯らして地下部が残り、次の年にまた出芽、成長するもの。
　④種子発芽から1年間で開花し、翌年も開花するもの。
　⑤開花が1年以上継続するもの。

19 □□□

写真の花きの名称として、正しいものを選びなさい。
　①サルビア
　②ケイトウ
　③プリムラ ポリアンサ
　④ベゴニア センパフローレンス
　⑤コリウス

20 □□□

写真の花きの名称として、正しいものを選びなさい。
①コスモス
②マリーゴールド
③ナデシコ
④パンジー
⑤ジニア（ヒャクニチソウ）

21 □□□

写真の花きの園芸的分類の説明として、最も適切なものを選びなさい。
①秋まき一年草に分類される。
②春まき一年草に分類される。
③秋植え球根に分類される。
④春植え球根に分類される。
⑤宿根草に分類される。

22 □□□

写真の草花の園芸的分類として、正しいものを選びなさい。
①球根植物
②観葉植物
③多肉植物
④水生植物
⑤ラン科植物（ラン類）

23 □□□

写真の花木の説明として、最も適切なものを選びなさい。

① 陽生植物で、日当たりの良い場所を好む。
② 種子繁殖が一般的である。
③ ユキノシタ科に分類される。
④ 花色は栽培土壌の pH に影響されやすい。
⑤ 花弁の色彩が鑑賞の対象となる。

24 □□□

シクラメンの原産地として、最も適切なものを選びなさい。

① 日本・日本海側
② 南アメリカ
③ 南アフリカ東部
④ 地中海東部沿岸地方
⑤ 北アメリカ中央部

25 □□□

短日植物に分類されるものとして、最も適切なものを選びなさい。

① カーネーション
② マーガレット
③ ペチュニア
④ インパチェンス
⑤ サルビア

26 □□□

写真の花きの営利的繁殖方法として、最も適切なものを選びなさい。

① 種子繁殖法
② 株分け繁殖法
③ 分球繁殖法
④ 無菌発芽法
⑤ さし木繁殖法

27 □□□

　ある農薬の乳剤を水に溶かして500倍液を10L作りたい。農薬は何 ml 必要か、最も適切なものを選びなさい。
　　①0.2ml
　　②2 ml
　　③10ml
　　④20ml
　　⑤50ml

28 □□□

写真のランの植え込み用土として、最も適切なものを選びなさい。
　　①バーミキュライト
　　②パーライト
　　③くん炭
　　④ミズゴケ
　　⑤赤土

29 □□□

令和2年産におけるキクの切り花出荷量が最も多い都道府県を選びなさい。
　　①沖縄県
　　②福岡県
　　③静岡県
　　④栃木県
　　⑤愛知県

30 □□□

写真は作出した育種家の名からリーガーベゴニアとも呼ばれるが、園芸品種の名称として、最も適切なものを選びなさい。
①エラチオールベゴニア
②クリスマスベゴニア
③木立性ベゴニア
④根茎ベゴニア
⑤球根ベゴニア

31 □□□

草花の病気と原因の組み合わせとして、最も適切なものを選びなさい。
①スイセンの軟腐病　　　　　　　　　　― 糸状菌
②シクラメンの灰色かび病　　　　　　　― 細菌
③カーネーションの立ち枯れ病　　　　　― 細菌
④チューリップのモザイク病　　　　　　― ウイルス
⑤バラの根頭がんしゅ病　　　　　　　　― 糸状菌

32 □□□

次の草花用土のうち、固相率が最も高いものを選びなさい。
①腐葉土
②パーライト
③赤土
④川砂
⑤バーミキュライト

33 □□□

切り花の品質保持剤（延命剤）に用いられるものとして、最も適切なものを選びなさい。
①ダミノジット剤
②STS 剤
③有機溶剤
④BT 剤
⑤展着剤

34 □□□

施設栽培で室内温度を下げる目的で使用するのもとして、最も適切なものを選びなさい。
①塩化ビニルフィルム
②不織布
③遮光ネット
④ポリエチレンフィルム
⑤酢酸ビニルフィルム

35 □□□

テッポウユリの休眠を打破するために球根掘り上げ後に行う処理として、最も適切なものを選びなさい。
①45℃の温湯に60分浸漬する。
②冷凍庫で10日間氷温貯蔵する。
③ナフタレン酢酸液に浸漬する。
④20℃以上で加温栽培する。
⑤5℃で30日間冷蔵貯蔵する。

36 □□□

次の草花のうち種子が一番小さなものはどれか、最も適切なものを選びなさい。

① ② ③

④ ⑤

37 ☐☐☐

接ぎ木繁殖法の説明として、最も適切なものを選びなさい。
　①種子繁殖よりも一度にたくさんの苗が得られる。
　②接ぎ木をしても老化した株が若返ることはない。
　③接ぎ穂が遺伝的に変化する可能性が高い。
　④台木に接ぎ穂をゆ合させる繁殖方法である。
　⑤木本植物では、ゆ合率は低い。

38 ☐☐☐

球根類に分類される草花はどれか、最も適切なものを選びなさい。

　①グラジオラス　　②ユーストマ　　③パンジー

　④ストック　　⑤キキョウ

39 ☐☐☐

セル成型苗の説明として、最も適切なものを選びなさい。
　①播種箱に種子をまいて育苗した苗で、移植の際に植え痛みがある。
　②セル成型苗の普及で、栽培農家の種苗の自給生産割合が増えた。
　③設備投資が遅れており苗生産の省力化が課題である。
　④苗の生育にばらつきが出るので、高度な技術が必要である。
　⑤均一な苗を計画的に大量生産できる。

40 □□□

バラの栽培管理について、最も適切なものを選びなさい。
　①種子繁殖の苗を使用する。
　②土耕栽培では病害防除のために、堆肥などの有機物を施用しない。
　③養液栽培の培地にロックウールを使用する。
　④ベーサルシュートは根もとから除去する。
　⑤アーチング方式はおもに土耕栽培で行われている。

41 □□□

地生種のランとして、最も適切なものを選びなさい。

①　　　　　②　　　　　③

④　　　　　⑤

42 □□□

写真のバラの葉の症状について、最も適切なものを選びなさい。
　①アブラムシによる吸汁害
　②アザミウマによる吸汁害
　③ハダニによる吸汁害
　④ハモグリバエによる食害
　⑤ヨトウムシによる食害

43 □□□

次の球根類のうち、りん茎類に分類されるものとして、最も適切なものを選びなさい。
①ユリ
②グラジオラス
③カンナ
④シクラメン
⑤ダリア

44 □□□

ペチュニアの原産地として、最も適切なものを選びなさい。
①地中海沿岸
②中国東部
③ニュージーランド南島
④アフリカ東南部
⑤中南米

45 □□□

サルビアと同じ科の草花として、最も適切なものを選びなさい。
①コリウス
②ジニア（ヒャクニチソウ）
③キンギョソウ
④インパチェンス
⑤ケイトウ

46 □□□

pH 5〜6の酸性の土に適応する植物として、最も適切なものを選びなさい。
①ガーベラ
②キンセンカ
③ツツジ類
④プリムラ類
⑤ストック

47 □□□

シクラメンのジベレリン処理の目的として、最も適切なものを選びなさい。
①葉の数を増やすため。
②花芽分化を抑制するため。
③株をコンパクトにするため。
④肥料の吸収をよくするため。
⑤開花を早めるため。

48 □□□

種子に一重咲きと八重咲きが混ざっているため、八重咲きの鑑別をする必要のある草花として、最も適切なものを選びなさい。
①ペチュニア
②インパチェンス
③キンギョソウ
④プリムラ類
⑤ストック

49 □□□

写真の装置の説明として、最も適切なものを選びなさい。
①栽培用土の酸度を測定する。
②土壌の電気伝導度を測定する。
③土壌の塩基飽和度を測定する。
④土壌の水分を測定する。
⑤土壌の硬さを測定する。

50 □□□

次の植物のうち、最も陽光を好むものとして、適切なものを選びなさい。

①アジアンタム　②アレカヤシ　③グズマニア

④アンスリウム　⑤クンシラン

選択科目（果樹）

11 ☐☐☐

写真の果樹のうち、安定した結実を得るために受粉樹が必要なものとして、最も適切なものを選びなさい。

① ② ③

④ ⑤

12 ☐☐☐

樹体内のC—N率のCの割合が高い場合、どのような生育となるか、最も適切なものを選びなさい。
①枝の生育が落ち着き、開花・結実が順調で、果実の着色等がよい。
②枝の伸長が盛んで、徒長枝も多く発生する。
③葉が大きく、緑色も濃い。
④花芽分化が少なくなる。
⑤梅雨時期に前期生理的落果が多くなり、果実の糖度も低くなる。

13 □□□

果樹栽培と環境との関係について、最も適切なものを選びなさい。
　①生育期間中の日照が多いと光合成が盛んに行われ、花芽形成が不良となる。
　②降水量は果実の生育に影響し、成熟前の降雨は果実の糖含量を増加させる。
　③温暖化による冬季の気温上昇により、春季の発芽不良が問題となっている。
　④土壌中の窒素が多いと生殖成長が盛んになり、花芽分化が良好となる。
　⑤開花期の強風は受粉・受精を促すため、結実数が多くなる。

14 □□□

果樹の肥料成分と生育に関する説明のうち、カリウムに関する説明として、最も適切なものを選びなさい。
　①果実に多く含まれ、不足すると果実は小さくなり、収量は減少し、着色が不良となり、糖含有が少なくなる。
　②土壌の酸性を補正する。欠乏すると、リンゴの「ビターピット」、ニホンナシの「ゆず肌病」などの生理障害の原因となる。
　③成長の盛んな新梢や細根などに多く含まれ、樹体内を移動しやすく、炭水化物の合成や移動に関係する。
　④栄養成長に強く影響するので葉肥（はごえ）と呼ばれる。不足すると枝葉の成長が悪くなり、反対に多すぎると枝葉が盛んとなり、花芽分化が悪くなる。
　⑤葉緑素の構成要素で、葉・新梢・果実に多く含まれ、成長に必要な種々の酵素の活性剤として重要な生理的役割を果たしている。

15 □□□

花芽分化を促進する要因として、最も適切なものを選びなさい。

	日照	雨	夜温	窒素肥料	せん定
①	少ない	少ない	涼しい	多く施す	強せん定
②	多い	少ない	涼しい	少な目に施す	弱せん定
③	多い	少ない	涼しい	多く施す	強せん定
④	少ない	多い	高い	少な目に施す	強せん定
⑤	多い	関係ない	関係ない	多く施す	弱せん定

16 □□□

接ぎ木について、最も適切なものを選びなさい。
　①芽接ぎの時期は早春である。
　②台木の木部と穂木の木部を合わせると活着する。
　③穂木は乾燥させた方が台木からの水分の流れがよくなる。
　④果樹の接ぎ木法は、台木を割り、そこに穂木を差し込む割り接ぎだけである。
　⑤台木の形成層と穂木の形成層は1か所だけでも必ず合わせる。

17 □□□

せん定の切り口が大きい場合は切り口に保護剤を塗布するが、この保護剤の主目的として、最も適切なものを選びなさい。
　①切り口の乾燥を防ぎ、切り口を覆う組織ができやすくする。
　②切り口から枝が発生するようにする。
　③切り口から害虫が侵入しないようにする。
　④切り口から発根しないようにする。
　⑤切り口から水が入らないようにする。

18 □□□

果樹のせん定に関する記述のA〜Cに入る語句の組み合わせとして、最も適切なものを選びなさい。

「せん定において、枝を途中から切り落とす　A　せん定は　B　を促し、主枝や亜主枝など骨格となる枝を育てる場合に有効である。　C　せん定は、数多い枝の中から必要とする枝を残し、不必要な枝は基部から切り落とすせん定である。」

```
　　　A　　　　　　B　　　　　　　C
①切り返し　—　着花　　　　　—　間引き
②切り返し　—　新梢の発育　—　間引き
③間引き　　—　着花　　　　　—　新梢の発育
④間引き　　—　新梢の発育　—　着花
⑤弱　　　　—　果実の生育　—　強
```

19 □□□

せん定時の骨格枝の扱いについて、最も適切なものを選びなさい。
①枝の発生角度は狭い方が裂けにくい。
②1か所から多数の枝を出す車枝の形にする。
③骨格枝、亜主枝など、すべての枝先は誘引をして横に倒す。
④骨格枝の背面（上面）からの徒長枝は太くなりやすいため、できる限り残さない。
⑤骨格枝は急激に下に曲げて棚付けを行う。

20 □□□

大きく、品質のよい果実を一定量つくるためには、摘蕾、摘花、摘果作業をどのようにすればよいか、最も適切なものを選びなさい。
①摘蕾・摘花は行わず、多くの果実を残した中から最終摘果で判断する。
② 蕾 を取る作業は困難であり、害もあるので、摘果だけで着果量を調整して最終果実を残していく。
③摘果よりも摘花、摘花よりも摘蕾を可能な範囲で実施した方が、大きく品質の良い果実になりやすい。
④早い段階で数を減らす方が大きい果実となるため、摘蕾のみで最終的に残す数を決定した方がよい。
⑤摘蕾、摘花、摘果を行わず、生理的落果に任せた方がよい。

21 □□□

果実の収穫について、最も適切なものを選びなさい。
①果実の収穫は、光合成が最も盛んな晴天で温度の高い時間帯（午後）に行うのがよい。
②果実の収穫は、果実温が上がらない時間帯（早朝から午前中の早い時間）に行うのがよい。
③土壌水分の少ない状態よりも、土壌水分の多い状態で収穫した方が糖度は高い。
④果皮が厚いウンシュウミカンなどは、少々乱暴に収穫作業を行っても特に問題はない。
⑤長期貯蔵をした後に出荷する果実は、完熟するまで収穫を遅らせた方がよい。

22 □□□

リンゴ園で開花時の結実確保のために写真のものを設置した。この設備に関係する昆虫として、最も適切なものを選びなさい。

①マメコバチ
②ハエ
③アブ
④ダニ
⑤ミツバチ

23 □□□

リンゴの人工受粉の説明として、最も適切なものを選びなさい。
①リンゴは最初に中心花が開き、その後に側花が開花し、人工受粉は側花に対して行う。
②リンゴは最初に側花が開き、その後に中心花が開花し、人工受粉は中心花に対して行う。
③受粉用の花粉を採集する花は、花粉量や発芽率からみて、満開期以降のものがよい。
④受粉採集用の花は、やくを集めて10℃前後で開やくさせて花粉を採集する。
⑤開花時に低温や強風で訪花昆虫が活動しない場合や、受粉樹が少ない場合は人工受粉を必ず行う。

24 ☐☐☐

写真はリンゴの花の断面である。矢印部分が肥大して食用になるが、その名称として、最も適切なものを選びなさい。

①がく
②子房
③花柱
④花床（花たく）
⑤子房壁

25 ☐☐☐

リンゴのわい化栽培の説明として、最も適切なものを選びなさい。

①わい化栽培では、普通栽培に比べて樹勢が強くなり、果実肥大が良くなる。
②わい化栽培では、普通栽培に比べて樹高が低くなり、作業効率は良いが、果実は小さくなる。
③わい化栽培により、密植による早期多収と低樹高による省力化が図られる。
④わい化栽培により、樹冠拡大と大玉生産が図られる。
⑤わい化栽培に適した樹形は、開心形である。

26 ☐☐☐

写真のような果実（リンゴ）ができる原因として、最も適切なものを選びなさい。

①果実の生育後期に窒素が遅効きした。
②開花時の受粉が不十分であった。
③果実の肥大生育中に土壌が乾燥した。
④成熟期に高温多湿な天候が続いた。
⑤窒素が効きすぎてカルシウムが不足した。

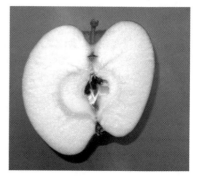

27 ☐☐☐

ウンシュウミカン園の土壌管理や施肥について、最も適切なものを選びなさい。
　①糖度の高い果実を生産するためには、8月以降は敷き草をして土壌の水分を保つ。
　②夏肥を多く施用して秋遅くまで肥料を効かせると果実の着色が早くなる。
　③ナギナタガヤを利用した草生栽培では、雑草をおさえる以外の効果はない。
　④夏季に堆肥を充分に施用すれば、生育期間中の施肥は必要ない。
　⑤白色の透湿性シートを使ったマルチ栽培では、スリップス（アザミウマ）類の被害が減り、土壌の乾燥により果実糖度も高くなる。

28 ☐☐☐

ウンシュウミカンの摘果の説明として、最も適切なものを選びなさい。
　①上向きの果実は、糖度が高くなりやすく高品質な果実になるので摘果しない。
　②部分摘果とは、摘果作業を何回かに分けて行う摘果のことである。
　③摘果を遅く行うほど隔年結果防止効果が高い。
　④摘果に利用できる摘果剤は、まだ実用化されたものはない。
　⑤葉果比（果実1個当たりの葉の枚数）で25～30枚程度になるように摘果をする。

29 ☐☐☐

　写真はウンシュウミカンの収穫作業である。ウンシュウミカンでは写真のように「二度切り」をして収穫することが大切であるが、この「二度切り」を行う理由として、最も適切なものを選びなさい。

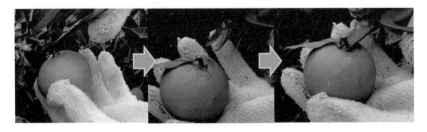

　①ヘタ（がく片）の色を確認して果実の成熟程度を確認するため。
　②果柄（軸）が枯れていないか確認するため。
　③果柄（軸）をできるだけ短く切って、ほかの果実を傷つけないようにするため。
　④枯れ枝の発生を防ぐため。
　⑤翌年の結果母枝を確保するため。

30 □□□

ウンシュウミカンの予措（よそ）の説明として、最も適切なものを選びなさい。
- ①収穫後の果実を一定期間、低温多湿条件に置いて、減酸をする作業のこと。
- ②収穫後の果実にエチレンを処理して追熟させる作業のこと。
- ③果実温度が高くならない午前中に収穫作業を行うこと。
- ④収穫後の果実の貯蔵性を高めるために、果実を軽度に乾燥させる作業のこと。
- ⑤果実の着色を良くするために、収穫前に果実周辺の葉を取り除く作業のこと。

31 □□□

ブドウの結実・着果について、最も適切なものを選びなさい。
- ①樹勢の強い巨峰等の4倍体などでは「花振るい」の発生が多い。
- ②ブドウは「花振るい」と自家不和合性もあり、ほとんど着果しないことがある。
- ③花粉のない品種が多いため、着果が難しい。
- ④デラウェアやキャンベルアーリーなどでは「花振るい」の発生が多い。
- ⑤樹勢が弱いと着果しないため、窒素肥料を多くする。

32 □□□

ブドウの植物成長調整剤の種類と使用目的の組み合わせとして、最も適切なものを選びなさい。
- ①ジベレリン ……着色向上
- ②ホルクロルフェニュロン ……無種子（無核）化
- ③ストレプトマイシン ……無種子（無核）化
- ④NAC ……熟期促進
- ⑤1-メチルシクロプロペン（1-MCP）……新梢伸長抑制

33 □□□

ブドウ、モモの果実肥大は二重S字曲線となり、生育の中期に肥大が一時期停滞する。その原因として、最も適切なものを選びなさい。
- ①基肥の肥効が切れる時期のため。
- ②高温時期であるため。
- ③梅雨時で日照不足と土壌水分過多のため。
- ④核（種子）の充実時期であるため。
- ⑤成熟期になったため。

34 □□□

写真のモモの芽の説明として、最も適切なものを選びなさい。

①3つのすべての芽から枝が伸び、花が咲く。
②1つの芽が3分割した奇形芽であるため、枝葉は出ず、花も咲かない。
③真ん中の細くとがった芽からは枝が出て、左右の太い芽は花が咲く。
④細くとがった芽は花芽で、丸い芽は葉芽である。
⑤オウトウと同じ花束状短果枝であるため、無数の花が咲く。

35 □□□

モモを同じ場所で改植する場合の説明として、最も適切なものを選びなさい。
①前作の根等が残り、土が肥えているので、そのまま植え替える。
②土がやせてしまっているので、未熟有機物を大量に施してから植え替える。
③排水が良好であると根の生育が良くないので、粘質の土を投入した後に植え替える。
④速効性化学肥料を多めに施してから植え替える。
⑤忌地現象がおこりやすいので、前作の根を完全に取り除き、新しく苗木を植えるところに客土する。

36 □□□

　ニホンナシ「幸水」品種の開花時、花そう内に矢印のような生育の遅れた小さな花（子花）が見られた。この説明として、最も適切なものを選びなさい。

　①小さな子花の方が親花よりも果実の生育が良いので、子花を残して親花を摘み取る。
　②子花は良い果実とならないので、子花はすべて摘み取る。
　③親花は糖度が低く、変形しやすいため、子花を残し、親花を摘み取る。
　④子花がついた場合は、子花と親花の両方を摘み取る。
　⑤開花時には良否が分からないので、すべて結実させ、摘果の時期に良い方を残す。

37 □□□

　写真はニホンナシの満開予定日10日前から満開後40日の期間内で、1回に100mg程度のジベレリンペーストを新梢基部に塗布しているものである。この塗布の目的として、最も適切なものを選びなさい。
　①熟期促進・果実肥大促進
　②落果防止
　③新梢伸長促進
　④熟期遅延・果実肥大抑制
　⑤果そう葉の展開枚数増加

38 □□□

セイヨウナシの収穫・追熟について、最も適切なものを選びなさい。
①樹上で完熟させてから収穫すれば、追熟は不要で、すぐに食べることができる。
②樹上である程度成熟させてから収穫し、冷蔵庫等で予冷処理を行ってから追熟させる。
③収穫が早すぎても、予冷処理を行うことで追熟し、品質良好となる。
④収穫にあたっては、樹上の果実を実際に食べることで収穫適期を判断する。
⑤「ラ・フランス」「ル・レクチェ」等、品種による予冷期間や追熟日数の違いはない。

39 □□□

ナシ園における土壌管理法である。この管理法の説明として、最も適切なものを選びなさい。

①果樹の根が分布している範囲の土壌表面にポリエチレンフィルムを敷く管理法である。
②除草剤を散布し、土壌表面にまったく雑草が生えない裸地状態に保つ管理法である。
③果樹園に草を生やして土壌表面を覆う管理方法であり、草刈りが必要になる。
④中耕を常に行い、土壌表面を常に裸地状態に保つ管理法である。
⑤果樹園内に敷ワラ等をしている管理方法である。

40 ☐☐☐

　新しい果樹園を開園するため、1haの栽培予定地の土壌調査を行った結果、土質は壌土で土壌pHは5.5であった。下記の表に基づいて、土壌pHを6.0に改良するために必要な苦土石灰の量として、最も適切なものを選びなさい。

　（表）壌土〜埴質土の土壌酸度改良のために必要な10a当たりの苦土石灰施用量

現在の土壌pH	目標とする土壌pH		
	5.5	6.0	6.5
4.5以下	150kg	240kg	340kg
5.0	80kg	170kg	320kg
5.5	−	90kg	190kg
6.0	−	−	100kg

①90kg
②170kg
③800kg
④900kg
⑤1,000kg

41 ☐☐☐

　果実内には多くの有機酸が含まれているが、ブドウ特有の有機酸として、最も適切なものを選びなさい。
　①乳酸
　②酢酸
　③酒石酸
　④リンゴ酸
　⑤グルタミン酸

42 □□□

写真はリンゴ「ふじ」の果実の断面である。半透明に見える矢印部分に多い成分として、最も適切なものを選びなさい。

①果糖
②ブドウ糖
③ショ糖
④ソルビトール（ソルビット）
⑤ペクチン

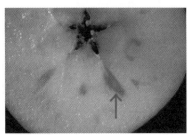

43 □□□

写真はニホンナシとリンゴの幼果に見られた打撲傷である。この原因となった気象災害として、最も適切なものを選びなさい。

①降雪
②強風
③高温
④大雨
⑤降ひょう

44 □□□

写真は早春の落葉果樹園の明け方の様子である。この様子について、最も適切なものを選びなさい。

①越冬害虫を燃焼によって防除している状況である。
②摘蕾を夜明け前から行うために果樹園を明るくしている状況である。
③外気温が下がり、晩霜害の危険性があるので、固形燃料等を燃やしている状況である。
④イノシシやシカなどの害獣が来ないように燃焼させている状況である。
⑤地上数m付近の暖気を地表面に送ろうとしている状況である。

45 □□□

ウンシュウミカンの貯蔵中に写真のような腐敗が発生した。この腐敗の説明として、最も適切なものを選びなさい。

①この腐敗は樹上時の黒点病菌によるもので、栽培中の黒点病の防除が大切である。
②ウイルス病が原因なのでウイルスフリー苗木を用いて栽培する。
③肥料分が不足していることが原因なので、適切な施肥を行う。
④果実につけられた傷が原因なので、果実の扱いをていねいに行う。
⑤この腐敗は生理障害なので有効な対策はない。

46 □□□

　写真は、ニホンナシの収穫時に確認された害虫の食害痕と害虫である。Aが1〜2mm程度の大きさの害虫の食害跡、Bは食害痕から出てきた害虫である。この害虫名として、最も適切なものを選びなさい。

①シンクイムシ類
②ハダニ類
③カイガラムシ類
④カメムシ類
⑤吸<ruby>蛾<rt>きゅうが</rt></ruby>類

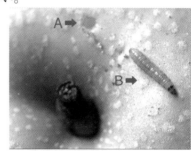

47 □□□

　年間の発生回数（世代）が最も少ない害虫として、適切なものを選びなさい。

①ハダニ類
②アブラムシ類
③ハマキムシ類
④ハモグリガ
⑤ドウガネブイブイ（コガネムシ類）

48 □□□

　マシン油乳剤について、最も適切なものを選びなさい。

①害虫に対して食害毒性のある殺虫剤である。
②越冬病気・害虫ともに効果があり、イオウ臭のする薬剤である。
③雑草を枯らす効果もある、イオウ臭のする薬剤である。
④オイル成分の効果により、害虫の気門を覆<rt>おお</rt>って窒息させる薬剤である。
⑤オイル成分で雑草を覆<rt>おお</rt>って枯らす薬剤である。

49 ☐☐☐

写真は冷蔵庫内（湿度は99％）の貯蔵温度と貯蔵果物である。晩生品種を利用した端 境 期販売を目的としたこの貯蔵法の名称として、最も適切なものを選びなさい。

①氷温貯蔵
②凍結貯蔵
③CA 貯蔵
④フィルム包装貯蔵
⑤常温貯蔵

50 ☐☐☐

リンゴの貯蔵に関して、最も適切なものを選びなさい。
①品種による貯蔵性の違いはない。
②完熟を過ぎてから収穫した果実の方が長期保存に適する。
③温度を上げ、酸素を多く、二酸化炭素を少なくすることで長期貯蔵が可能である。
④温度を下げ、酸素と二酸化炭素濃度を調節することで長期貯蔵が可能である。
⑤湿度はできるだけ低く抑えることで貯蔵性が高まる。

選択科目（畜産）

11 □□□

反すう動物のエネルギー代謝の主役として、最も適切なものを選びなさい。
①カルシウム
②硝酸
③酢酸
④ビタミン B_2
⑤可溶無窒素物（NFE）

12 □□□

わが国の家畜の繁殖季節と妊娠期間の組み合わせについて、最も適切なものを選びなさい。

		繁殖季節		妊娠期間
①ウマ	—	秋〜冬	—	335日
②ウシ	—	周年	—	285日
③ヒツジ	—	秋〜冬	—	180日
④ヤギ	—	春〜夏	—	150日
⑤ブタ	—	周年	—	224日

13 □□□

日本の家畜飼育状況（令和3年2月）について、最も適切なものを選びなさい。
①乳用牛の飼養戸数は前年に比べ減少し、飼養頭数は増加している。
②肉用牛の飼養戸数と飼養頭数は、前年に比べ増加している。
③豚の飼養戸数と飼養頭数は、前回に比べ減少している。
④採卵鶏の飼養戸数は前回に比べ減少し、飼養羽数は増加している。
⑤ブロイラーの飼養戸数と飼養羽数は、前回に比べ減少している。

14 □□□

種卵の管理方法として、最も適切なものを選びなさい。
　①鈍端を上にして貯蔵する。
　②貯卵温度は30℃前後にする。
　③貯卵湿度は40％以下にする。
　④卵殻が薄いものを選ぶ。
　⑤貯卵期間は1か月以内にする。

15 □□□

小石（グリット）があるニワトリの消化器として、最も適切なものを選びなさい。
　①食道
　②腺胃
　③胆のう
　④素のう
　⑤筋胃

16 □□□

初生びなの環境温度が低温すぎる際の行動として、最も適切なものを選びなさい。
　①床面にまんべんなく分散し、よく眠る。
　②若羽がはえ始めて換羽する。
　③温源を中心に重なりあう。
　④あくびをよくし、ほとんど眠らない。
　⑤飼料摂取量が増える。

17 □□□

鶏卵の鮮度について、最も適切なものを選びなさい。
　①卵黄係数は「卵黄の直径÷卵黄の高さ」で求めることができる。
　②卵が古くなると、気孔から内部の水分が蒸発して気室が大きくなる。
　③新鮮な卵は濃厚卵白が水様化して卵白の高さが低下する。
　④卵重と卵黄の高さを測定して表される数値をハウユニットといい、卵の鮮度を示す。
　⑤卵が古くなると、卵黄膜が硬くなり卵黄の直径が小さくなる。

18 □□□

写真の器具の用途として、最も適切なものを選びなさい。
　①飼料の色素濃度を測定する。
　②ニワトリのあしゆびの色を測定する。
　③鶏卵の卵殻の色を測定する。
　④鶏卵の卵黄の色を測定する。
　⑤ニワトリの内臓脂肪の色を測定する。

19 □□□

ニワトリの飼料の説明として、最も適切なものを選びなさい。
　①黄色トウモロコシに含まれる色素は、卵黄の色にはほとんど影響しない。
　②ダイズの油かすには、タンパク質はほとんど含まれていない。
　③魚粉やさなぎ粕を多量に与えると、卵黄が臭気をおびる。
　④コマツナは中毒になるので与えてはいけない。
　⑤野菜くずなどの緑餌類は、嗜好性が低い。

20 □□□

ニューカッスル病の原因と症状の組み合わせとして、最も適切なものを選びなさい。
　　（原因）　　　（症状）
　①ウイルス　－　緑色下痢便
　②ウイルス　－　チアノーゼや浮腫
　③ウイルス　－　粘りけのある灰白色下痢
　④細菌　　　－　緑色下痢便
　⑤細菌　　　－　チアノーゼや浮腫

21 □□□

ブタの給水に関する説明として、最も適切なものを選びなさい。
　①哺乳子豚では、母乳から水分が供給されるため、給水器は必要としない。
　②汚水処理の関係から、制限給水法が主流となっている。
　③飲水量を制限すると、採食量が増加する。
　④授乳期には、水要求量が高くなる。
　⑤環境温度の変化は水の要求量に影響しない。

22 □□□

ブタの繁殖について、最も適切なものを選びなさい。
 ①発情周期は28日である。
 ②発情期間は10日である。
 ③初回交配はおおむね8か月齢に行われる。
 ④哺乳期間はおおむね35日である。
 ⑤年間分娩回数はおおむね4回である。

23 □□□

ブタの分娩時の子豚への対応として、最も適切なものを選びなさい。
 ①頚部にワクチンを接種する。
 ②硬便になりやすく治療が必要となる。
 ③初乳を飲ませる。
 ④保冷管理を徹底する。
 ⑤切歯は必ず行う。

24 □□□

ブタの法定伝染病として、最も適切なものを選びなさい。
 ①口蹄疫
 ②鶏痘
 ③マレック病
 ④伝染性コリーザ
 ⑤豚赤痢

25 □□□

豚肉の品質の説明として、最も適切なものを選びなさい。
 ①脂肪は白色で軟らかいものが好ましい。
 ②去勢をしていない雄豚独特の雄臭は、肉を加熱すると消失する。
 ③色が濃く、乾いた感じのするDFD豚肉は、加工品にしても不良製品となりやすい。
 ④黄豚になるおもな原因は疾病である。
 ⑤色調が淡く、軟質で肉のしまりが悪い状態のものをPSE豚肉という。

26 □□□

　子豚育成率が90％から91％に改善した場合、年間5,000頭出荷している農場では年間出荷頭数がどのくらい増えるか、最も適切なものを選びなさい。
　　①35頭
　　②40頭
　　③45頭
　　④50頭
　　⑤55頭

27 □□□

　SPF豚に関する記述として、最も適切なものを選びなさい。
　　①抗生物質の感受性が高くなるように改良されたブタで、病気に対する抵抗性が高い。
　　②特定の病原菌をもたないブタである。
　　③病気に感染しにくいように育種改良されているブタである。
　　④すべての豚病原体をもたないブタで、病気をもたないため、発育が良い。
　　⑤ワクチンに対する感受性が高くなるように改良されたブタで、ワクチン効果が高く発育が良い。

28 □□□

　乳用牛の都道府県別飼養頭数（令和3年2月）の上位3県として、最も適切なものを選びなさい。

	1位		2位		3位
①	北海道	—	熊本	—	岩手
②	北海道	—	熊本	—	栃木
③	北海道	—	栃木	—	熊本
④	熊本	—	北海道	—	栃木
⑤	栃木	—	北海道	—	岩手

29 □□□

　牛のルーメンの説明として、最も適切なものを選びなさい。
　　①第四胃のことであり、胃全体の約半分を占める。
　　②ルーメン内には内容物1g当たり約10万の微生物が生息している。
　　③ルーメン内はアルカリ性に保たれている。
　　④ルーメン内の粗飼料は反すうにより細かくなる。
　　⑤ルーメン内では、粗飼料に比べて濃厚飼料の方がゆっくり消化される。

30 □□□

乳用牛の管理についての説明として、最も適切なものを選びなさい。
①乳用牛は分娩後、次の分娩まで乳汁分泌を停止させることはない。
②分娩後、泌乳量は増加し、50～60日で日乳量はピークとなる。
③分娩後の空胎期は280日である。
④乾乳期へ移行する際には栄養濃度の高い濃厚飼料のみの給餌とする。
⑤乾乳期から泌乳期へ移行する期間は病気の発生が最も少ない期間である。

31 □□□

ウシの発情前後のホルモンに関する記述のA～Cに入る語句の組み合わせとして、最も適切なものを選びなさい。

「発情前後のホルモンについて、排卵前に黄体から分泌される（ A ）濃度が低下し、それに変わって（ B ）濃度が上昇し発情兆候が現れる。そして（ C ）の一過性の放出後に排卵が起こる。」

	A		B		C
①	プロジェステロン	―	エストロジェン	―	LH
②	エストロジェン	―	テストステロン	―	プロスタグランディン
③	エストロジェン	―	プロジェステロン	―	テストステロン
④	テストステロン	―	エストロジェン	―	LH
⑤	プロスタグランディン	―	テストステロン	―	LH

32 □□□

受精卵（胚）移植技術の説明として、最も適切なものを選びなさい。
①レシピエント牛にホルモン剤を投与し、過剰排卵させる。
②受精卵移植によって、ドナー牛由来の能力をもつ子牛を数多く生産できる。
③レシピエント牛には、発情時に受精卵移植を行う。
④回収された受精卵は、未受精卵以外は凍結保存に適している。
⑤ドナー牛に過剰排卵させたあと、人工授精を行い受胎・分娩をさせる。

33 □□□

写真の器具の名称として、最も適切なものを選びなさい。
①観血去勢器
②デビーカー
③腟鏡
④開口器
⑤鉗子

34 □□□

ウシの分娩に関する説明として、最も適切なものを選びなさい。
①分娩時には陣痛が始まり、羊膜が破れて第1次破水が起こる。
②分娩直前には体温が上昇する。
③後産（胎盤）は通常分娩24時間後に娩出される。
④後肢から出てくるのが正常分娩である。
⑤分娩が近づくと乳房が大きくなり、粘液が排出され、尾根部の両側が落ち込む。

35 □□□

図のミルキングパーラの名称として、最も適切なものを選びなさい。
①ヘリンボーン方式
②ライトアングル方式
③アブレスト方式
④タンデム・ウォークスルー方式
⑤タンデム・サイドステップ方式

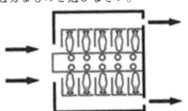

36 □□□

ウシの法定伝染病として、最も適切なものを選びなさい。
①トキソプラズマ病
②オーエスキー病
③ニューカッスル病
④ヨーネ病
⑤伝染性胃腸炎

37 □□□

乳房炎の感染を防ぐ方法として、最も適切なものを選びなさい。
①乳房をマッサージしてアドレナリンの分泌を促す。
②ストリップカップに後搾りを行う。
③ライナースリップを5回以上しっかりと行う。
④パルセータの圧力を最大にする。
⑤乳頭を拭くタオルは1頭につき1枚用意する。

38 □□□

放牧を行う際の衛生管理の方法として、最も適切なものを選びなさい。
①草から多くのナトリウムを摂取するため、食塩を給与する。
②原虫寄生によって起こるフリーマーチンの感染を防止する。
③放牧地に生えるワラビによる中毒を防止する。
④低マグネシウム土壌で生育した草によるケトーシスに注意する。
⑤イネ科牧草の過食による鼓脹症を防止する。

39 □□□

肉牛の説明として、最も適切なものを選びなさい。
①和牛の枝肉は、ホルスタイン種に比べて、筋肉と脂肪の割合が大きく、骨の割合が小さい。
②和牛は6か月齢で、肥育素牛として子牛市場で販売される。
③日本で飼育される和牛4品種は、黒毛和種、褐毛和種、日本短角種、韓牛である。
④和牛では900kg程度まで肥育される。
⑤雄牛のほとんどは去勢しないで肥育される。

40 □□□

肉牛を出荷・と畜した際、枝肉重量が500kg、枝肉歩留率が63％であった。この時のウシの出荷体重として、最も適切なものを選びなさい。
①約754kg
②約794kg
③約824kg
④約854kg
⑤約904kg

41 □□□

一年生牧草として、最も適切なものを選びなさい。
　①アルファルファ
　②ケンタッキーブルーグラス
　③オーチャードグラス
　④イタリアンライグラス
　⑤チモシー

42 □□□

マメ科の牧草として、最も適切なものを選びなさい。
　①ローズグラス
　②イタリアンライグラス
　③チモシー
　④ケンタッキーブルーグラス
　⑤シロクローバ

43 □□□

写真のビートパルプの説明として、最も適切なものを選びなさい。

　①ダイズから油をとったときの副産物。
　②テンサイから糖分をとったときの副産物。
　③玄米を精白したときの副産物。
　④ナタネの子実から油をとったときの副産物。
　⑤コムギの穀粒を小麦粉に加工したときの副産物。

44 □□□

高品質なサイレージを調製するための重要なポイントとして、最も適切なものを選びなさい。
　　①調製する作物は出穂前の水分の多い時期に収穫する。
　　②踏圧や圧縮をしても品質に効果はない。
　　③調製材料の水分を60〜70％に調整する。
　　④発酵させる間、絶えず通気を行う。
　　⑤EM菌等の好気発酵を促す添加物を使用する。

45 □□□

可消化養分総量の略省記号として、正しいものを選びなさい。
　　① DE
　　② ME
　　③ TDN
　　④ WCS
　　⑤ TMR

46 □□□

アニマルウェルフェアに配慮した飼育方法として、最も適切なものを選びなさい。
　　①バタリー
　　②エイビアリー
　　③ウィンドウレス
　　④スタンチョン
　　⑤コンフォート

47 □□□

写真の農業機械の使用用途として、最も適切なものを選びなさい。
　　①堆肥散布
　　②石灰散布
　　③耕起
　　④播種
　　⑤砕土

48 ☐☐☐

写真の器具の名称として、最も適切なものを選びなさい。
① 胴締器
② カウトレーナー
③ バルククーラ
④ ミルカー
⑤ スタンチョン

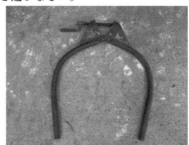

49 ☐☐☐

硬質チーズとして、最も適切なものを選びなさい。
① マスカルポーネ
② ゴーダ
③ チェダー
④ サムソー
⑤ ゴルゴンゾーラ

50 ☐☐☐

家畜ふん尿の堆肥化の記述の A〜C に入る語句の組み合わせとして、最も適切なものを選びなさい。

「家畜ふん尿の堆肥化とは、（A）が、（B）を利用し、ふん尿中にある（C）を分解し、取り扱いしやすく、作物にとって安全なものにすることである。堆肥化の条件として、水分は60〜65％が適当で、堆肥化が進行して（C）が分解されると熱が発生する。」

	A		B		C
①	好気性微生物	—	酸素	—	無機物
②	好気性微生物	—	酸素	—	有機物
③	好気性微生物	—	二酸化炭素	—	無機物
④	嫌気性微生物	—	二酸化炭素	—	有機物
⑤	嫌気性微生物	—	酸素	—	有機物

選択科目（食品）

11 □□□

　魚・肉・大豆・乳などに多く含まれ、多数のアミノ酸で構成されている栄養素として、最も適切なものを選びなさい。
　　①炭水化物
　　②タンパク質
　　③脂質
　　④ナトリウム
　　⑤ビタミン

12 □□□

　無機質の種類と体内でのおもな働きの組み合わせとして、最も適切なものを選びなさい。
　　①カルシウム　―　酸素の運搬。
　　②マグネシウム　―　骨や歯の主要成分となり、細胞の働きや神経伝達を調節する。
　　③鉄　―　甲状腺ホルモンの成分となる。
　　④カリウム　―　細胞の浸透圧の調整や栄養素を輸送する。
　　⑤ヨウ素　―　骨の代謝やエネルギー代謝を促進する。

13 □□□

　不足すると「壊血病」の原因となるビタミンとして、最も適切なものを選びなさい。
　　①ビタミン B_1
　　②ビタミン B_2
　　③ビタミン C
　　④ビタミン A
　　⑤ビタミン D

14 □□□

オリゴ糖類の説明として、最も適切なものを選びなさい。
①植物の細胞壁の主要成分で、β-グルコースが直鎖状に多数結合した多糖類である。
②単糖類が2～10数個グリコシド結合によって結合した糖質の総称である。
③食品中の色素やあくなどの総称であり、褐変反応の原因物質である。
④2個以上のアミノ酸がペプチド結合した化合物の総称である。
⑤α-グルコースが、数百～数千個直鎖状に結合した構造の消化性多糖類である。

15 □□□

「グルコース＋フルクトース」で構成される糖類として、最も適切なものを選びなさい。
①マルトース
②ラクトース
③イソマルトース
④セロビオース
⑤スクロース

16 □□□

油脂の硬化の説明として、最も適切なものを選びなさい。
①油脂を融点以下まで冷却して固体にすること。
②油脂に含まれる脂肪酸の二重結合部位に水素を付加させて固体にすること。
③水と油が均一に混ざり合う状態をつくること。
④脂質に結合している脂肪酸を交換すること。
⑤脂肪を細かく砕くと同時に均等な分布状態にすること。

17 □□□

冷めた牛脂がおいしくないといわれる理由として、最も適切なものを選びなさい。
①牛脂に含まれる香気成分が揮発しないから。
②牛脂の旨味が牛肉に閉じ込められるから。
③牛脂は、ほかの油脂に比べて甘味がないから。
④牛脂には、不飽和脂肪酸が多く含まれるから。
⑤牛脂は融点が高く、口融けが悪いから。

18 □□□

食品に関わる酵素と、そのおもな特徴の組み合わせとして、最も適切なものを選びなさい。
　①アミラーゼ　　―　　カキなどの果実を柔らかくする酵素
　②プロテアーゼ　―　　肉組織の軟化や乳の凝固を起こす酵素
　③リパーゼ　　　―　　麴菌が出す酵素でデンプンを分解する酵素
　④ペクチナーゼ　―　　ビタミンCの酸化に関わりリンゴやバナナを褐変させる酵素
　⑤オキシダーゼ　―　　油脂の酸敗の原因となり脂肪酸を遊離させる酵素

19 □□□

果実の成分の説明として、最も適切なものを選びなさい。
　①スイカの赤色成分は、アントシアニンである。
　②未熟果の緑色成分は、フラボノイドである。
　③果実中の赤～黄色を示すカロテノイドは、果実にのみに含まれる。
　④ブドウに最も多く含まれる有機酸は、クエン酸である。
　⑤果実に含まれる糖と有機酸の量比を糖酸比という。

20 □□□

日本食品標準成分表2020年版（八訂）の検討を行った部署として、最も適切なものを選びなさい。
　①消費者庁　消費者安全調査委員会
　②厚生労働省　薬事・食品衛生審議会
　③文部科学省　科学技術・学術審議会
　④厚生労働省　医薬・生活衛生局生活衛生課
　⑤農林水産省　食料産業局

21 □□□

野菜や果物の細胞膜の軟化や酵素の失活を目的に、熱湯や蒸気で行う加熱処理として、最も適切なものを選びなさい。
　①ブランチング
　②オーバーラン
　③キュアリング
　④チャーニング
　⑤エージング

22 □□□

米の加工品と製法・用途の組み合わせとして、最も適切なものを選びなさい。

①α化米　　　　—　もち米を吸水させ、すり潰してつくる。上新粉より粘りがあり、水でこねてからゆであげる。

②レトルト米飯　—　炊きたての飯を無菌状的に包装した製品。高温殺菌処理していないので、栄養素・風味の点で良質米の特性が発揮される。

③無菌包装米飯　—　炊くか、蒸した飯を高温で急速に乾燥することによって、デンプンがα化した状態で存在する。

④上新粉　　　　—　うるち精白米を粉砕したもの。デンプンや小麦粉より粒子が大きく、水でこねても粘りが出にくく、独特の歯ごたえがある。

⑤白玉粉　　　　—　加圧・加熱調理器で加熱殺菌した米飯で、保存性が良い。

23 □□□

図は小麦の製粉の流れを示している。（A）の工程である「粗砕き」の説明として、最も適切なものを選びなさい。

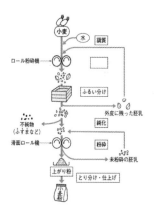

①胚乳の断片（セモリナ）と外皮を含む部分（ふすま）に分割する。

②胚乳を分離しやすくするために適度な湿り気を与える。

③ピュリファイヤーに通し、風力を利用して、胚乳の断片と外皮を含む部分などの不純物を分ける。

④なめらかな面を持ったロールにかけて段階的に粉にする。

⑤粗砕きした小麦を何枚ものふるいにかけて分別する。

24 □□□

タピオカデンプンの原料として、最も適切なものを選びなさい。
　①トウモロコシ
　②リョクトウ
　③キャッサバ
　④カタクリの根
　⑤ジャガイモ

25 □□□

ポテトフラワーの説明として、最も適切なものを選びなさい。
　①サツマイモを原料として、水洗・はく皮、蒸煮、乾燥したものを粉砕した
　　もの。
　②蒸したジャガイモの成分に近い状態で、デンプンはα化された状態になっ
　　ている。
　③主成分は食物繊維のグルコマンナンで、低カロリー食品の素材として用い
　　られる。
　④加水するとタンパク質が膨潤し、アルカリ性にするとゼリー状に凝固する。
　⑤デンプンはアミラーゼによって糖化されているため、加水すると甘酒の様
　　な液体になる。

26 □□□

パンやクッキー製造の焼成の際に起こり、独特のフレーバーや色を形成する反
応として、最も適切なものを選びなさい。
　①ヨウ素デンプン反応
　②フェーリング反応
　③アミノカルボニル反応
　④銀鏡反応
　⑤カラメル化反応

27 □□□

豆腐製造において、豆乳を凝固させるために添加する「にがり」の主成分とし
て、最も適切なものを選びなさい。
　①塩化マグネシウム
　②硫酸カルシウム
　③塩化カルシウム
　④硝酸カリウム
　⑤グルコノデルタラクトン

28 □□□

酒粕、粕漬けの説明として、最も適切なものを選びなさい。
　①粕漬けの漬床に使用する酒粕の成分で一番多いのは、エタノールである。
　②酒粕と副材料を合わせて粕床をつくるが、酒粕中のデンプンやタンパク質
　　は変化せずに残留する。
　③酒粕は清酒のもろみをしぼって、酒を分離した残りの固形分である。
　④粕漬けは酒粕のアルコールだけでは保存性が劣るので、粕床には酒粕と同
　　量の食塩を加える。
　⑤粕床に塩漬けしたシロウリ、キュウリなどの野菜を入れると粕床が固く締
　　まってくるので、粕床に加水して柔らかくする。

29 □□□

漬け物は、野菜を長期貯蔵することを目的に発達した加工法であるが、微生物
の働きや酵素の作用ではなく、おもに食塩の脱水作用や防腐作用を利用してつく
られる漬け物として、最も適切なものを選びなさい。
　①ぬか漬け
　②梅干し
　③南蛮漬け
　④ピクルス
　⑤キムチ

30 □□□

食品製造において、製品の水素イオン濃度を低くすることにより、微生物の増
殖を抑え、貯蔵性を高めている貯蔵法として、最も適切なものを選びなさい。
　①塩蔵
　②糖蔵
　③酢漬け
　④くん煙
　⑤氷温貯蔵

31 □□□

リンゴ透明ジュースの製造で清澄化に必要な操作として、最も適切なものを選
びなさい。
　①ショ糖脂肪酸エステルを添加して皮ごと破砕搾汁する。
　②目の細かい布袋に入れ、搾汁率70〜75％程度まで圧搾する。
　③原料果実量に対しアスコルビン酸を0.1％添加して、圧搾する。
　④脱気した果汁にペクチナーゼを添加、作用させる。
　⑤容器に充てんし、85℃で20分間処理する。

32 □□□

　ミカン缶詰の製造工程において、じょうのう膜除去の工程で使用する薬品として、最も適切なものを選びなさい。
　　①0.6％塩酸溶液と0.3％水酸化ナトリウム溶液
　　②75％エチルアルコール液
　　③0.1％アスコルビン酸溶液
　　④0.05％ペクチナーゼ溶液
　　⑤3％炭酸水素ナトリウム

33 □□□

　ショートニングの説明として、最も適切なものを選びなさい。
　　①ジャガイモの粉末と水を混合し、調味・圧延・整形後、油であげた食品である。
　　②外観・食感ともに、ゆでたカニの筋繊維に似せた食品で、原料にはスケトウダラなどの白身魚のすり身が使用される。
　　③豚脂の代用として植物性油脂を原料に開発された加工油脂のことで、窒素ガスを混合しているため白色をしている。
　　④大豆油・コーン油・菜種油などの植物性油脂に発酵乳・食塩・ビタミン類などを加えて乳化し、バター状にした食品で、油脂含有率80％未満のもの。
　　⑤植物性油脂と水をミックスして、乳化剤で白く濁らせて、増粘多糖類でとろみをつけたもので、コーヒーのクリームとして用いられる。

34 □□□

　バターの製造工程におけるワーキングの目的として、最も適切なものを選びなさい。
　　①原料乳を遠心分離することにより、クリームと脱脂乳に分離する。
　　②原料乳中のほこりや異物を除く。
　　③急速に牛乳の温度を下げ、熱による品質低下を防ぐ。
　　④病原菌を死滅させ、食品衛生上安全にする。
　　⑤バター粒子を均一に練り合わせ、食塩や水分を分散させる。

35 □□□

発酵乳製造における乳酸菌の働きとして、最も適切なものを選びなさい。
①乳糖を乳酸に変化するため、pH が上昇し、保存性が低下する。
②乳糖をガラクトースとブドウ糖に分解するため、乳糖不耐症の人も利用可能になる。
③乳糖を乳酸に変化するため、マグネシウムが反応し、乳酸マグネシウムとなり、消化吸収率が低下する。
④乳タンパク質が β ―アミラーゼの作用により、麦芽糖とブドウ糖に分解され、甘味が増す。
⑤乳糖を乳酸に変化するため、風味が消失するので、香味料の添加が不可欠になる。

36 □□□

ベーコンの製造工程として、最も適切なものを選びなさい。
①原料肉 → 塩漬 → 整形 → 水洗 → 乾燥　→ 蒸煮　　→ 冷却
②原料肉 → 整形 → 塩漬 → 水洗 → 乾燥　→ くん煙　→ 冷却
③原料肉 → 塩漬 → 整形 → 乾燥 → くん煙 → 蒸煮　　→ 冷却
④原料肉 → 整形 → 塩漬 → 乾燥 → 蒸煮　→ くん煙　→ 冷却
⑤原料肉 → 塩漬 → 整形 → 水洗 → 乾燥　→ くん煙　→ 冷却

37 □□□

ジャム類の製造では原料をゼリー化する必要があるが、ゼリー化の特徴として、最も適切なものを選びなさい。
①ショ糖や果糖などの糖類は、一般的に30％程度の糖度があれば良い。
②果実に含まれるアミノ酸は、ゼリー化の大切な要素である。
③クエン酸やリンゴ酸など有機酸の pH は、ゼリー化に大きく影響する。
④ペクチンは、デンプンやセルロースなど脂質の一種である。
⑤糖度が上がるほど酵母や細菌が増殖しやすくなり保存性が下がる。

38 □□□

複合調理食品として、最も適切なものを選びなさい。
①食品素材を乾燥・塩漬け・ビン詰など、さまざまに加工した調理済み食品。
②幕の内弁当、調理パンなど、複数の食品素材が組み合わされた調理済み食品。
③食品素材の中からグルテンを除いて組み合わされた調理済み食品。
④食品素材の中から畜産物・水産物を除いて組み合わされた調理済み食品。
⑤微生物や酵素により、原料とは異なる形に加工された調理済み食品。

39 □□□

　かびの一種である「アスペルギルス　オリゼ」の説明として、最も適切なものを選びなさい。
　　①インドシナの麹から分離されたもの。
　　②この菌から生産される凝乳酵素は、仔牛の第四胃から抽出されるレンネットにかわって、チーズ生産に使われる。
　　③麹菌の代表的な菌種。清酒、みそ、しょうゆ、みりん、甘酒づくりに用いられる。
　　④黒麹菌の代表的菌種。糖液を発酵すると、クエン酸、シュウ酸を多量に生産できる。
　　⑤この菌種の紫外線そのほかによる変異株が、ペニシリンの工業生産に利用される。

40 □□□

　酢酸菌として分類される微生物として、最も適切なものを選びなさい。
　　①アセトバクター　アセチ
　　②バチルス　サブチルス
　　③エンテロバクター　アエロゲネス
　　④アゾトバクター　クロオコッカム
　　⑤クロストリジウム　ボツリナム

41 □□□

　テンペの原料と関連する微生物として、最も適切なものを選びなさい。
　　①リンゴ、ナシなどの果実を原料とし、アスペルギルス属の微生物が関与する。
　　②乳を原料とし、ラクトバシラス属の微生物が関与する。
　　③ハクサイ、ダイコンなどの野菜を原料とし、サッカロミセス属の微生物が関与する。
　　④魚を原料とし、アゾトバクター属の微生物が関与する。
　　⑤大豆を原料とし、クモノスカビ属の微生物が関与する。

42 □□□

野菜・果実が糸状菌の発生により組織が軟化する原因として、最も適切なものを選びなさい。
　①ペクチンが分解されるため。
　②アンモニアが生成されるため。
　③粘質物が生成されるため。
　④タンパク質が分解するため。
　⑤有機酸が生成されるため。

43 □□□

腸管出血性大腸菌の特徴として、最も適切なものを選びなさい。
　①牛や豚などの家畜の腸の中に生息する。毒性の強いベロ毒素を出し、腹痛や水のような下痢、出血性の下痢を引き起こす。
　②人や動物の腸管や土壌などに広く生息する。酸素のないところで増殖し、芽胞をつくる。食後6〜18時間で発症し、下痢と腹痛がおもな症状として現れる。
　③牛や豚、鶏、猫や犬などの腸の中にいる。半日〜2日後ぐらいで、激しい胃腸炎、吐き気、おう吐、腹痛、下痢などの症状が現れる。
　④河川や土の中など自然界に広く分布。おう吐型と下痢型の症状に分けられる。熱に強く、加熱による殺菌が難しい。
　⑤イカ・アジなどからの感染が多く、すし・刺身などにより中毒が起こる。魚を調理したまな板・包丁からの二次感染による例も多い。

44 □□□

エンテロトキシンという毒素を産生する食中毒菌の名称として、最も適切なものを選びなさい。
　①サルモネラ
　②腸炎ビブリオ
　③黄色ブドウ球菌
　④ボツリヌス菌
　⑤カンピロバクター

45 □□□

牛乳の酸度を測定する、おもな器具や機器・試薬として、最も適切なものを選びなさい。
- ①ペトリ皿、ピペット、70%エタノール
- ②ゲルベル乳脂計、遠心分離機、濃硫酸、イソアミルアルコール
- ③ビーカー、BTB試験紙、標準変色表
- ④メスシリンダー、牛乳比重計、温度計
- ⑤ビュレット、水酸化ナトリウム溶液、フェノールフタレインアルコール溶液

46 □□□

ソモギー変法はブドウ糖のどのような性質を利用したものであるか、最も適切なものを選びなさい。
- ①発酵力
- ②酸化力
- ③還元力
- ④分解力
- ⑤吸水力

47 □□□

ソックスレー抽出法で用いる試薬として、最も適切なものを選びなさい。
- ①硫酸
- ②ジエチルエーテル
- ③メタノール
- ④水酸化カリウム
- ⑤硫酸銅

48 □□□

パック詰めされている卵の一括表示として、最も適切なものを選びなさい。
- ①名称は「新鮮卵」「おいしい卵」などの特長で表示されている。
- ②輸入品の原産地は、輸入港名が表示されている。
- ③国産品の原産地は、選別包装者が表示されている。
- ④長く保存できるので、賞味期限や保存方法は表示されていない。
- ⑤賞味期限を経過した後、飲食する際の注意事項などが表示されている。

49 □□□

プレート式熱交換器の効果として、最も適切なものを選びなさい。
　①密閉容器の内の水を加熱するので、蒸気が発生したり、温水になる。
　②液体は短時間で加熱されるので、牛乳、果汁などの殺菌を130℃、2～3秒
　　で行える。
　③アンモニアやフロンなどの冷媒を使用するので、発熱と吸熱を繰り返す。
　④アイスクリームミックスを撹拌、冷却、凍結するので、－6℃まで冷却さ
　　れ、ソフトクリームとなる。
　⑤揺動しながら加熱するので、缶詰、ビン詰の殺菌が短時間でできる。

50 □□□

　環境への負荷が少ない食品産業をめざして、マヨネーズ工場で卵割した卵殻を
利用してつくられているものとして、最も適切なものを選びなさい。
　①ゼラチン
　②きのこ培地
　③ペットボトル
　④再生紙容器
　⑤チョーク

2022年度　第2回（12月10日実施）

日本農業技術検定　2級　試験問題

◎受験にあたっては、試験官の指示に従って下さい。
　指示があるまで、問題用紙をめくらないで下さい。

◎受験者氏名、受験番号、選択科目の記入を忘れないで下さい。

◎問題は全部で50問あります。1～10が農業一般、11～50が選択科目です。
　選択科目は1科目だけ選び、解答用紙に選択した科目をマークして下さい。
　選択科目のマークが未記入の場合には、得点となりません。

◎すべての問題において正答は1つです。1つだけマークして下さい。
　2つ以上マークした場合には得点となりません。

◎試験時間は60分です（名前や受験番号の記入時間を除く）。

【選択科目】

作物	p.106～117
野菜	p.118～133
花き	p.134～146
果樹	p.147～159
畜産	p.160～172
食品	p.173～184

解答一覧は、「解答・解説編」（別冊）の3ページにあります。

日付			
点数			

農業一般

1 □□□

「食料・農業・農村基本法」の第1条に明記されている食料・農業・農村政策の目的として、最も適切なものを選びなさい。
　①食料の安定供給の確保
　②多面的機能の適切かつ十分な発揮
　③農業の持続的な発展
　④農村の振興
　⑤国民生活の安定と向上および国民経済の健全な発展

2 □□□

食料自給率の2030（令和12）年度の目標値の供給熱量ベースと生産額ベースの組み合わせとして、最も適切なものを選びなさい。

供給熱量 ベース		生産額 ベース
①37%	—	67%
②37%	—	75%
③45%	—	67%
④45%	—	75%
⑤45%	—	80%

3 □□□

物流を構成する活動のうち、輸送の前後における物品の積み込み、積み降ろし、運搬、仕分け、ピッキング、荷ぞろえなどの作業を何というか、最も適切なものを選びなさい。
　①輸送
　②荷役
　③包装
　④流通加工
　⑤在庫管理

4 □□□

商品を販売した時点において、商品ごとの売り上げ情報を収集・蓄積し、それを分析して、商品の在庫量の把握、欠品の防止、売り上げ予測、品ぞろえの見直し、経営管理などに活用するものとして、最も適切なものを選びなさい。
　①食品トレーサビリティシステム
　②EOS
　③POS システム
　④EDI 標準
　⑤温度帯別共同配送システム

5 □□□

トラックなどの自動車で行われている長距離輸送を、環境負荷の小さい鉄道輸送や海上輸送に転換することを何というか、最も適切なものを選びなさい。
　①ユニットロードシステム
　②一貫パレチゼーション
　③リフトオン・リフトオフ方式
　④ロールオン・ロールオフ方式
　⑤モーダルシフト

6 □□□

図の「簿記一巡の手続き」における（ウ）に入るものとして、最も適切なものを選びなさい。

簿記一巡の手続き

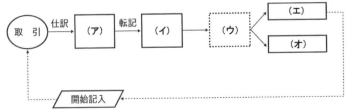

　①試算表
　②貸借対照表
　③損益計算書
　④仕訳帳（伝票）
　⑤総勘定元帳

7 □□□

次の（1）～（5）の5つの取引のうち、負債の増加が生じる取引の数として、最も適切なものを選びなさい。

（1）収穫予定のリンゴの予約注文を受けた。
（2）畑の地代を現金で支払った。
（3）肥料を掛けで購入した。
（4）現金を元入れして農業経営を開始した。
（5）火災で納屋が焼失した。

①0
②1
③2
④3
⑤4

8 □□□

次の（　　　）内に入る金額として、最も適切なものを選びなさい。

「期首の資産総額は3,600千円で、負債総額は1,200千円であった。期末の資産総額が4,600千円で、この期間中の当期純利益が600千円であるとき、期末の負債総額は（　　　）である。」

①1,400千円
②1,500千円
③1,600千円
④1,700千円
⑤1,800千円

「みどりの食料システム戦略」（令和3年5月）について、次の（　　　）内に
あてはまる語句として、最も適切なものを選びなさい。

「中長期的な観点から、調達、生産、加工・流通、消費の各段階の取り組みと
（　　　）等の環境負荷軽減のイノベーションを推進する。」

①カーボンニュートラル
②グリーン化
③リサイクル
④エネルギーシステム
⑤食品ロス

10　□□□

市町村に設置される行政機関で、次の説明にあてはまる組織として、最も適切
なものを選びなさい。

「農地等の利用の最適化の推進（担い手への農地利用の集積・集約化、遊休農
地の発生防止・解消、新規参入の促進）を中心に、農地法に基づく農地の売買・
貸借の許可、農地転用案件への意見具申など、農地に関する事務を執行する。」

①普及指導センター
②農業委員会
③農業協同組合
④農業会議所
⑤農業生産組織

選択科目（作物）

11 □□□

イネの葉の特徴に関する記述として、最も適切なものを選びなさい。
　①すべての葉は葉身と葉鞘からなる。
　②最上位の葉を止葉とよぶ。
　③上位の葉ほど、葉（葉身と葉鞘）の長さは長くなる。
　④出葉のはやさは、生殖成長期になるとはやくなる。
　⑤葉は地面に水平になるほど受光態勢はよくなる。

12 □□□

イネの組織でアントシアニンの着色が見られないものとして、最も適切なものを選びなさい。
　①葉
　②節
　③根
　④玄米
　⑤外穎頂部（ふ先）

13 □□□

イネ栽培における水田の土づくりとして、最も適切なものを選びなさい。
　①透水性をよくして1日当たりの減水深を40mm以上にする。
　②毎年すき床層を壊すよう深耕する。
　③収穫後の稲わらや刈り株は、焼却する。
　④作付け前の土壌診断に基づき、土壌養分バランスを整える。
　⑤落水を容易にするため、水口部と水尻部との高低差を20cm以上に整備する。

14 □□□

　イネの種もみを10℃の水で浸種したとき、発芽までに要するおおよその日数として、最も適切なものを選びなさい。
　　①1日程度
　　②3日程度
　　③10日程度
　　④20日程度
　　⑤30日程度

15 □□□

　イネの補植用取り置き苗の記述として、最も適切なものを選びなさい。
　　①余った苗なので、水田内にそのまま置いておけば収量は増加する。
　　②災害時に補植できるので、イネの収穫が終わるまで大切にする。
　　③イネの生育診断として使う。
　　④水田の水管理の指標として使う。
　　⑤病害虫の巣になるため、なるべく早く適切に処分する。

16 □□□

　イネ生育初期における落水栽培に関する記述として、最も適切なものを選びなさい。
　　①除草剤の効果が高くなる。
　　②スクミリンゴガイ（ジャンボタニシ）の被害が軽減できる。
　　③低温や風による被害が軽減できる。
　　④土壌還元状態で発生しやすい有害ガスの発生が多くなる。
　　⑤苗の活着が促進される。

17 □□□

　米の食味に関する要因について、最も適切なものを選びなさい。
　　①同じ品種なら、どの地域でも食味は変わらない。
　　②登熟期の温度は高い方が食味がよくなる。
　　③追肥方法の違いは食味に影響する。
　　④多水分もみの強制乾燥は食味を向上させる。
　　⑤貯蔵中の玄米水分は食味に影響しない。

18 □□□

イネ栽培中の油流入対策に関する記述として、最も適切なものを選びなさい。
①湛水状態を保つ。
②早急に通常の2倍量の追肥をする。
③早急に病害虫防除農薬を散布する。
④落水して酸化分解させる。
⑤油を含んだ用水を掛け流しかんがいする。

19 □□□

水稲用除草剤の使用方法として、最も適切なものを選びなさい。
①粒剤は散布時には田面が露出しないように湛水し、全面に均一に散布する。
②ジャンボ剤は藻類の影響を受けにくい。
③小包装（パック）のジャンボ剤は袋から出し、ていねいに散布する。
④フロアブル剤は均一に散布できるように希釈して使用する。
⑤顆粒水和剤は原液で散布する。

20 □□□

水田畦畔の除草管理として、最も適切なものを選びなさい。
①イネの出穂直前に除草する。
②除草の手間を省くため、雑草の根まで枯らす除草剤で除草することが望ましい。
③生育中の畦畔雑草に使用できる除草剤はイネには影響がない。
④畦畔の雑草はイネに影響がないため放置しておく。
⑤畦畔の除草作業は作業負担が大きく事故等の危険性が高い。

21 □□□

イネの被害粒に関する記述として、最も適切なものを選びなさい。
①乳白米は、玄米表層が白色を呈する粒。
②茶米は、胚乳内部が茶褐色の粒。
③死米は、登熟初期に発育を停止した粒。
④背白米は、玄米の胚部のある側が白色の粒。
⑤心白米は、中心部に白色部分のある粒。

22 □□□

水稲収穫後の乾燥・調製に関する記述として、最も適切なものを選びなさい。
　①乾燥は、乾燥機による機械乾燥と天日干しによる自然乾燥などがある。
　②水分含量の多いもみを乾燥機で乾燥するときは、できるだけ均一に仕上げ
　　るよう、高温で急激に乾燥したほうがよい。
　③仕上げ乾燥では、玄米中の水分含量を20～25％程度にする。
　④ライスセンターなどで複数の品種を乾燥・調製するとき、一般には食味が
　　よいとされるものから行うため、他品種の混入は意識しなくてもよい。
　⑤乾燥をしすぎても米粒の品質には影響がない。

23 □□□

　イネ発酵粗飼料（ホールクロップサイレージ）として利用する飼料用イネの特
徴として、最も適切なものを選びなさい。
　①粗玄米収量が高く、くず米を含む玄米を発酵させ、飼料として与える。
　②黄熟期に地上部全体を発酵させ、飼料として与える。
　③食用イネより栽培期間が長く、作付面積は横ばい傾向である。
　④農薬の残留濃度は食用イネと同程度のため、農薬使用基準は食用イネと同
　　じである。
　⑤水田での栽培では収量が落ちるため、おもに畑地で栽培される。

24 □□□

　麦類の栽培管理に関する記述として、最も適切なものを選びなさい。
　①麦類は保水性の高い土壌を好むので、水田裏作として栽培することが望ま
　　しい。
　②コムギの種子選別は塩水選で行うが、その比重はイネと同じでよい。
　③黒ボク土などの火山灰土壌では、リン酸質資材は投入する必要がない。
　④土塊が大きいと麦類の出芽が悪くなるので、砕土性能に優れたロータリ耕
　　を行うことが望ましい。
　⑤麦類の標準的な施肥は、全量を基肥として施肥することが望ましい。

25 □□□

　コムギにおける秋播性品種を春にまくと、栄養成長は盛んになるが、穂は分化
せずにそのまま夏に枯れてしまう現象として、最も適切なものを選びなさい。
　①秋播性程度
　②座止現象
　③キセニア現象
　④秋落ち現象
　⑤麦踏み

26 □□□

写真に示されたコムギの倒伏の施肥が関係する要因として、最も適切なものを選びなさい。
　　①石灰の施用量が多い。
　　②苦土の施用量が多い。
　　③窒素の施用量が多い。
　　④リン酸の施用量が多い。
　　⑤カリの施用量が多い。

27 □□□

写真の麦類に発生したアブラムシに関する説明として、最も適切なものを選びなさい。
　　①出穂前は稈<small>かん</small>や葉に寄生して食害する。
　　②アブラムシの被害は穂重の減少に影響はないので、防除はしなくてよい。
　　③麦類への窒素肥料はアブラムシを抑制し、多発を防ぐ。
　　④１頭でも目視されたらスミチオン乳剤、モスピラン顆粒水溶剤などで防除する必要がある。
　　⑤１穂に寄生が確認できたら、すぐにまん延につながるので、薬剤による防除をすみやかに行う。

28 □□□

麦類の収穫に関する記述として、最も適切なものを選びなさい。
　　①穂が黄ばみ、子実が硬くなった時が収穫適期である。
　　②粒水分が17％以下になったら収穫を行う。
　　③収穫後は粒水分を15％に乾燥する。
　　④ビール用の麦類の穀温は50℃以上で乾燥する。
　　⑤ビール用の麦類はやや雨にあたる日がよい。

29 □□□

写真に示されたコムギの病害として、最も適切なものを選びなさい。
　①うどんこ病
　②眼紋病
　③立ち枯れ病
　④条斑病
　⑤赤かび病

30 □□□

次の胚乳形質をもつトウモロコシの種類として、最も適切なものを選びなさい。

「胚乳の大部分が硬質デンプンからなり、軟質デンプンは内部にわずかにある。
水分13〜15％の完熟した子実（穎果）を加熱すると爆裂する。」
　①デント種
　②フリント種
　③スイート種
　④ポップ種
　⑤ワキシー種

31 □□□

トウモロコシの生育特性として、最も適切なものを選びなさい。
　①光合成速度が速い C_4 植物である。
　②自家受粉して受精する。
　③分げつを残すと根量や葉面積が減少する。
　④強い光、高温を好むイネ科多年生の植物である。
　⑤受粉後、受精が終わるまでに4〜5日ほどかかる。

32 □□□

トウモロコシ（スイートコーン）の栽培管理に関する記述として、最も適切なものを選びなさい。
　①種子は自家採種のものを用いても問題ない。
　②吸肥性の高い作物なので、多肥条件で疎植にすればするほど、生育が旺盛となり良質で大きな実をつける。
　③発生した分げつは、生産した養分を主稈に送り、雌穂の発育を助けるため、特に葉数の少ない早生品種では、無除げつの効果が大きい。
　④雄穂分化期以降の中耕も除草効果があるので、収穫まで定期的に行うことが望ましい。
　⑤害虫防除は、植物体に侵入した後でも効果的な防除ができるので、収穫直前に行うのが望ましい。

33 □□□

ダイズ栽培に関する説明として、最も適切なものを選びなさい。
　①前作の作目をこだわらないので、連作も気にする必要はない。
　②多収にするため、暖地では側枝が多く繁茂する晩生品種を密植にし、寒冷地では側枝が少なくあまり繁茂しない品種を疎植にする。
　③根粒菌の働きをより活発にするために、窒素肥料を多用することが望ましい。
　④除草を早めに行い初期の雑草を抑え、やがて繁茂する茎葉で中・後期の雑草の発生を抑える栽培が望ましい。
　⑤ダイズを侵す病害虫は少ないので、薬剤散布は最小限で防除はあまり行わない。

34 □□□

食品加工用ダイズに求められる特性として、最も適切なものを選びなさい。
　①豆腐用にはタンパク質含量の低い品種。
　②みそ用には低炭水化物で、中粒の品種。
　③煮豆用には高タンパク質で、大粒〜極大粒の品種。
　④納豆用には高タンパク質で、極小粒〜中粒の品種。
　⑤豆乳用にはサポニン改良の「きぬさやか」品種がある。

35 □□□

ダイズの結きょう率に関する記述として、最も適切なものを選びなさい。
　①開花・着きょう期の高温は落花、落きょうを多くする。
　②水分を多く与えると落花、落きょうが多くなる。
　③日照不足があると落花、落きょうが多くなる。
　④ダイズは、花の発達過程での落花、結実後の落きょうは少ない。
　⑤ダイズの結きょう率はふつう80〜90％である。

36 □□□

ダイズシストセンチュウに関する記述として、最も適切なものを選びなさい。
　①ダイズ、アズキ、インゲンの根に寄生して被害をもたらす。
　②すべてのマメ科作物の根に寄生して被害をもたらす。
　③輪作体系では被害が軽減できない。
　④ダイズ抵抗性品種は、まだ育種されていない。
　⑤対抗植物の栽培では被害が軽減できない。

37 □□□

ジャガイモが収穫後2〜4か月は萌芽に適した環境でも萌芽しない現象として、最も適切なものを選びなさい。
　①浴光催芽
　②内生休眠
　③外生休眠
　④つるぼけ
　⑤キュアリング

38 □□□

ジャガイモの特性に関する記述として、最も適切なものを選びなさい。
　①すべての芽欠きをした茎葉での植え付け栽培はできない。
　②あまった種いもは食用に適する。
　③貯蔵中に芽が出た種いもの芽を取ってはいけない。
　④貯蔵中に皮が緑化した種いもは植え付てはいけない。
　⑤種いもを消毒した後に、いもを切って植え付ける。

39 □□□

ジャガイモに関する記述として、最も適切なものを選びなさい。
　①ジャガイモの葉はすべて複葉である。
　②ジャガイモは多湿な土壌を好む。
　③肥料の3大要素のうち、いもの肥大に最も影響する成分は窒素である。
　④いもの表皮が小さくひび割れ、皮目が膨れて突起・肥大したりする症状は、
　　皮目肥大と呼ばれ、土壌の乾燥により発生しやすい。
　⑤ジャガイモを連作すると肥料成分の過不足による生育の悪化や病虫害の発
　　生が増加する。

40 □□□

ジャガイモに関する説明として、最も適切なものを選びなさい。
　①光合成の速度は気温によって変化し、30℃以上になると数倍の速度になる。
　②収穫直後のいもを畑に置いて強い日射しに長時間あてることで、暗所での
　　保管の際の緑化を防ぐことができる。
　③えき病が発生しても、収穫後のいもの保管中の温度、湿度管理さえできて
　　いればよい。
　④小さないもであれば、えき病の感染の心配や翌年に雑草いもとして発芽す
　　ることはないので、注意の必要はない。
　⑤1株塊茎数と1塊茎重の間には負の相関がみられるので、芽欠きをして1
　　本立ちとすると大きないもになる傾向がある。

41 □□□

ジャガイモの中耕・土寄せに関する記述として、最も適切なものを選びなさい。
　①ほう芽前に土壌表面を軽く耕起すると除草効果が高く、地温も低下する。
　②中耕・土寄せにより、土壌は乾燥する。
　③中耕・土寄せは出芽後15～20日頃と開花期の2回に分けて行う。
　④中耕・土寄せは地上部茎葉の倒状を防ぎ、うね間の除草や排水性を改善する。
　⑤中耕・土寄せは病害虫の発生を助長する。

42 □□□

ジャガイモの内容成分に関する記述として、最も適切なものを選びなさい。
　①ソラニンなどの有害成分は、いもの内側に多く含まれる。
　②果実は、トマトやナスと同じく害はない。
　③炭水化物、脂質、ビタミンAを多く含む作物である。
　④収穫直後に圃場で強い日射しに長時間あてると緑化する。
　⑤デンプン含量といも比重はあまり相関がない。

43 □□□

写真の害虫被害に関する説明として、最も適切なものを選びなさい。

① イネ科の農作物に食害を与える。
② 幼虫、成虫ともに、おもに葉裏から食べて独特の食痕を残す。
③ ジャガイモでは、芽が出たところで成長のよい株に土中から幼虫がはい出てきて、食害する。
④ 葉の一部に強い被害を受けても株全体に被害が広がることはない。
⑤ 土中にもぐり、塊茎に直接食害を残すために収量などに大きな被害が出る。

44 □□□

写真のジャガイモの症状の原因となる病虫害として、最も適切なものを選びなさい。

① 軟腐病
② 夏えき病
③ えき病
④ ヨトウガによる食害
⑤ ナストビハムシによる食害

45 □□□

写真に示されたジャガイモ栽培用機械の使用用途として、最も適切なものを選びなさい。
　①整地作業
　②病害虫防除作業
　③培土作業
　④植え付け作業
　⑤雑草防除作業

46 □□□

サツマイモの特性に関する記述として、最も適切なものを選びなさい。
　①芽が出たいもは食用できない。
　②皮には有害物質が含まれている。
　③花が咲いてから収穫する。
　④肥料はキャベツと同量施肥する。
　⑤収穫後、貯蔵すると糖分が増加し甘くなる。

47 □□□

近年のサツマイモの用途別消費量で最も多い用途として、適切なものを選びなさい。
　①デンプン用
　②生食用
　③加工食品用
　④アルコール用
　⑤種子用

48

サツマイモの特性と栽培管理に関する記述として、最も適切なものを選びなさい。
① ナス科に属する作物で、温暖な気候を好む。
② よい苗は、茎が太くえき芽が発生し、葉柄は短く葉が広くて厚いなどの特徴がある。
③ 乾燥に強い作物なので、植え付け後のかん水も必要とせず、すばやく活着し、生育する。
④ 茎葉の繁茂といもの肥大には密接な関係があり、いもを肥大させるには、茎葉をできるだけ繁茂させたほうがよい。
⑤ つる性の作物で、茎葉が地上部をおおうため、生育期間中の雑草防除はいっさい必要としない。

写真に示された農業機械の使用用途として、最も適切なものを選びなさい。
① 施肥作業
② 病害虫防除作業
③ 整地作業
④ 移植作業
⑤ 雑草防除作業

農薬の RAC コードの説明として、最も適切なものを選びなさい。
① RAC コードは、農薬の使用用途別に分類したコードで、殺虫剤、殺菌剤、除草剤、殺そ剤、植物成長調整剤の5種類に分類されている。
② RAC コードは、殺虫剤を分類したコードで、有効成分の有機リン系、ピレスロイド系、ネオニコチノイド系等に区分され、薬剤の安全使用の指針に活用されている。
③ RAC コードは、農薬の病害虫に対する作用機構による分類コードで、作用機構の異なる農薬散布により薬剤抵抗性の発達等を遅らせることができる。
④ RAC コードは、農林水産省が定めた農薬の剤型による分類で、国内の農薬登録において、製剤の形状と性能の違いにより、粉剤、粒剤、水和剤など15の剤型に分類されている。
⑤ RAC コードは、国連食糧農業機関（FAO）が定めた農薬の分類コードで、安全使用のための国際基準となっている。

選択科目（野菜）

11 □□□

　写真のような花の配列（花序）を有する野菜の科名として、正しいものを選びなさい。

①ウリ科
②キク科
③マメ科
④アブラナ科
⑤セリ科

12 □□□

　写真に示す野菜と同じ科に分類されるものとして、最も適切なものを選びなさい。

①キュウリ
②ネギ
③ハクサイ
④トマト
⑤レタス

13 □□□

野菜の花芽分化の説明として、最も適切なものを選びなさい。
　①トマトは、短日条件で花芽分化が促進される。
　②ナスは、長日条件で花芽分化が促進される。
　③ダイコンは、短日条件で花芽分化が促進される。
　④ホウレンソウは、長日条件で花芽分化が促進される。
　⑤レタスは、低温条件で花芽分化が促進される。

14 □□□

野菜のカルシウム欠乏症状の説明について、A～Cにあてはまる語句の組み合わせとして、最も適切なものを選びなさい。

「カルシウムの欠乏症状は（　A　）から現れ、葉縁が褐変・枯死したり、果実では（　B　）が発生したりする。（　C　）条件下で発生が多い。」

	A		B		C
①	新葉	－	尻腐れ果	－	低温・多湿
②	下葉	－	空洞果	－	低温・乾燥
③	新葉	－	尻腐れ果	－	高温・多湿
④	下葉	－	空洞果	－	高温・乾燥
⑤	新葉	－	尻腐れ果	－	高温・乾燥

15 □□□

ホウレンソウの種子の吸水を阻害する果皮を除去した種子として、最も適切なものを選びなさい。
　①明発芽種子
　②暗発芽種子
　③ネイキッド種子
　④プライミング種子
　⑤コーティング種子

16 □□□

トマトの着花習性について、最も適切なものを選びなさい。
　①第1花房以降は4節ごとに花房をつける。
　②すべてのトマトは非心止まり型である。
　③トマトは頂芽の伸長が停止して、側枝が主軸のように発達する。
　④主枝に本葉が11～14枚程度つくと花房が分化する。
　⑤花房のつく位置は90°ごとに回転していく。

17 □□□

生育中のトマトの下位葉に写真に示す葉脈間の黄化が発生した。この原因として、最も適切なものを選びなさい。

①カリ欠乏
②マグネシウム欠乏
③カルシウム欠乏
④ホウ素欠乏
⑤鉄欠乏

18 □□□

トマトの空洞果防止に利用される植物成長調整剤として、最も適切なものを選びなさい。

①4 – CPA（オーキシン）
②サイトカイニン
③アブシジン酸
④ジベレリン
⑤エチレン

19 □□□

写真に示すトマト果実の白くふくれた症状の原因として、最も適切なものを選びなさい。

①カメムシ類による吸汁
②ヒラズハナアザミウマによる産卵
③オオタバコガによる食害
④オンシツコナジラミによるスス病
⑤灰色カビ病によるゴーストスポット

20 □□□

キュウリの特性の説明として、最も適切なものを選びなさい。
①ウリ科に属しスイカと同等の強い光を好み、光飽和点は 8 〜10万 lx である。
②根は深根性で酸素要求量は低い。
③好適 pH5.0〜5.5程度で酸性にも強い。
④花はトマトやナスと同様、雄花と雌花の区別はない。
⑤単為結果性があり、受粉をしなくても果実は正常に肥大する。

21 □□□

キュウリの台木の説明として、最も適切なものを選びなさい。
①キュウリの接ぎ木で台木用のカボチャを用いるが、台木用カボチャの品種を選ぶことでつる割れ病の耐病効果とブルーム（果粉）抑制も可能である。
②キュウリの接ぎ木で台木用のカボチャを用いるが、つる割れ病の耐病効果とブルーム（果粉）抑制もできる台木はない。
③キュウリの接ぎ木で台木用のカボチャを用いるが、つる割れ病は空気中を浮遊する病原菌で感染するので台木による予防効果はない。
④キュウリの接ぎ木には、つる割れ病の予防のためユウガオ台木を用いる。
⑤キュウリの接ぎ木にはカボチャを用いるが、ブルーム（果粉）発生の有無とは無関係である。

22 □□□

ナスの花の説明として、最も適切なものを選びなさい。
①長花柱花は花柱が長く、最も受精しやすい。
②短花柱花は最も受精しやすく、ほとんど落花しない。
③長花柱花は最も受精しにくく、落花しやすい。
④中花柱花、短花柱花の発生は日長と関係する。
⑤ナスの花は雄花と雌花があり、自家受粉をする。

23 □□□

ナスの果実障害と発生要因の組み合わせとして、最も適切なものを選びなさい。

	石ナス果	つやなし果 （ぼけナス）	日焼け果
①	受精障害・高温	水分過剰	強光
②	受精障害・高温	水分過剰	多湿
③	受精障害・低温	水分過剰	強光
④	受精障害・低温	水分不足	多湿
⑤	受精障害・低温	水分不足	強光

24 □□□

イチゴ栽培でミツバチを導入する説明として、最も適切なものを選びなさい。
　①ミツバチを導入してハチミツをとるため。
　②風媒花であるが、受粉しないと奇形果となるため。
　③虫媒花であり受粉しないとそう果ができず、花床の肥大が悪く奇形果となるため。
　④ミツバチを導入することで、ハダニの発生が少なくなるため。
　⑤ミツバチを導入することで、病害の発生を大幅に抑制できるため。

25 □□□

イチゴの花芽分化を促進する夜冷育苗の環境条件として、最も適切なものを選びなさい。
　①低温・長日・窒素栄養少
　②低温・長日・窒素栄養多
　③低温・短日・窒素栄養少
　④低温・短日・窒素栄養多
　⑤高温・長日・窒素栄養多

26

写真のイチゴに発生した病害の説明として、最も適切なものを選びなさい。

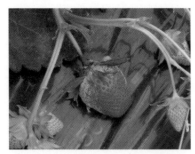

①菌核病で細菌が原因、低温・多湿条件で発生する。
②菌核病で糸状菌が原因、低温・多湿条件で発生する。
③灰色かび病で細菌が原因、低温・多湿条件で発生する。
④灰色かび病で糸状菌が原因、低温・多湿条件で発生する。
⑤うどんこ病で糸状菌が原因、高温・乾燥条件で発生する。

スイートコーンに関する説明として、最も適切なものを選びなさい。
①生育は日長の影響よりも温度の影響を受けやすい感温性作物である。
②根の吸肥力は弱く、肥料をあまり施す必要はない。
③分げつ（側枝）は雌穂の肥大を妨げるため、除去するのが一般的である。
④雌穂は1株に1個のみ着生する。
⑤同じ株の雄穂と雌穂は同時に開花する。

28 □□□

　スイートコーンは写真のように1条ではなく複数条で植えられることが多い。その理由として、最も適切なものを選びなさい。

①間引きや追肥等管理作業の時間短縮ができるため。
②栽植密度が高くなり、樹勢が抑えられて草丈が低くなり管理がしやすいため。
③植生が大きな塊となり、獣害を受けにくくなるため。
④お互いにもたれ合えるので倒伏しにくくなるため。
⑤花粉が雌穂によく着くようになり、着粒がよくなるため。

29 □□□

　スイートコーンのキセニア現象の防止方法として、最も適切なものを選びなさい。
①マルチング材を利用する。
②遮光ネットを利用する。
③異なる品種の混植を避ける。
④連作を避ける。
⑤薬剤を散布する。

30

写真はスイカの接ぎ木苗とその接合部分である。この接ぎ木法の説明として、最も適切なものを選びなさい。

① 穂木・台木とも斜めに切り込む斜め合わせ接ぎである。
② Ｖ字にカットした穂木を台木に固定する割り接ぎである。
③ Ｖ字にカットした穂木を台木に固定するさし接ぎである。
④ 台木は上から下、穂木は下から上に切り込みを入れる呼び接ぎである。
⑤ 台木・穂木を水平に切断する平接ぎである。

スイカの開花から成熟までの積算温度として、最も適切なものを選びなさい。

	小玉種	大玉種
①	約400℃	約600℃
②	約600℃	約800℃
③	約800℃	約1,000℃
④	約1,000℃	約1,200℃
⑤	約1,200℃	約1,400℃

32 □□□

図で示したネット系メロンの摘果に関する説明として、最も適切なものを選び
なさい。

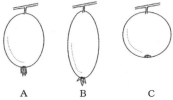

A   B   C

①形に関係なく最も大きい果実を摘果する。
②将来は細長い果実になるため、A を摘果する。
③将来も正球形のままである C の果実を残す。
④将来は正球形となる B の果実を残す。
⑤将来は正球形になる A の果実を残す。

33 □□□

野菜の品種のうち、ホウレンソウの品種の組み合わせとして、最も適切なもの
を選びなさい。
①宮重群、練馬群、聖護院群
②包皮型品種、抱合型品種
③東洋種、西洋種、交雑種
④千住群、九条群、加賀群
⑤甘味種、爆裂種、馬歯種

34 □□□

写真のネギに発生した病害の名称とその病原の組み合わせとして、最も適切な
ものを選びなさい。
①さび病　－　細菌
②さび病　－　糸状菌
③黒斑病　－　細菌
④黒斑病　－　糸状菌
⑤べと病　－　細菌

35 □□□

キャベツとレタスの説明として、最も適切なものを選びなさい。
①キャベツは明発芽種子（好光性種子）、レタスは暗発芽種子（嫌光性種子）である。
②キャベツ、レタスともに暗発芽種子（嫌光性種子）である。
③キャベツはアブラナ科、レタスはキク科の植物である。
④キャベツ、レタスともにアブラナ科の植物である。
⑤キャベツ、レタスともに病原菌による根こぶ病に罹病する。

36 □□□

ハクサイの花芽分化・開花の説明として、最も適切なものを選びなさい。
①苗が一定の大きさに達すると花芽分化し、積算温度が満たされて開花する。
②吸水した種子のときから低温にあうと花芽分化し、高温・長日下で開花する。
③一定の大きさ以上の苗が低温にあうと花芽分化し、高温・長日下で開花する。
④高温によって花芽分化し、高温・長日下で開花する。
⑤低温・短日で花芽分化し、低温・短日下で開花する。

37 □□□

写真は収穫前の秋まきタマネギが倒伏しているようすである。この状態の説明として、最も適切なものを選びなさい。

①生育当初から倒伏して生育する品種であるため。
②高温によって地上部が被害を受けたため。
③地上部を倒す害虫の食害を受けたため。
④地上部がたおれる病気に罹患したため。
⑤球の肥大とともに葉鞘部が空洞になり、葉を支えられなくなったため。

38 □□□

ダイコンの根部の肥大が悪く、表面に亀裂が生じたり、表皮がサメ肌状になったり、芯部が褐色になるような症状の原因として、最も適切なものを選びなさい。
① センチュウ
② 窒素過剰
③ 鉄欠乏
④ 窒素欠乏
⑤ ホウ素欠乏

39 □□□

写真はダイコンの作付け前に植え付けたマリーゴールドであるが、主要な栽培目的として、最も適切なものを選びなさい。

① センチュウの防除に効果があり、とくにネグサレセンチュウに効果が高い。
② 主目的は景観用作物として栽培されていることが多い。
③ 土壌病害のネコブ病の発生防止に効果がある。
④ 塩類集積を防止してクリーニングクロップとしての効果が高い。
⑤ ダイコンの根や葉を加害するキスジノミハムシの防除に効果がある。

40 □□□

8 a の畑に、ハクサイ苗をうね間80cm、株間50cmで植え付けたい。必要な苗の本数は何本か、正しいものを選びなさい。ただし、1株当たりの面積はすべて同じとし、うね間は隣り合ううねとうねの中心の間隔をいう。
① 200本
② 400本
③ 1,000本
④ 2,000本
⑤ 4,000本

41 ☐☐☐

写真の害虫の食害痕として、最も適切なものを選びなさい。

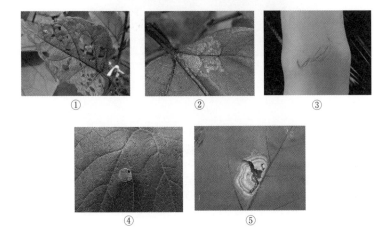

① ② ③

④ ⑤

42 ☐☐☐

病害虫の物理的防除法として、最も適切なものを選びなさい。
　①太陽熱消毒
　②天敵
　③弱毒ウイルス接種
　④混作
　⑤対抗植物

43 ☐☐☐

次の写真のうち、ナスの IPM（総合的病害虫管理）で利用されるアブラムシの天敵であるクサカゲロウの卵を選びなさい。

① ② ③

④ ⑤

44 ☐☐☐

半促成栽培の説明として、最も適切なものを選びなさい。
　①トンネル・マルチなどを利用する栽培
　②温室内で収穫期加温の栽培
　③温室内で無加温または収穫期無加温の早出しをする栽培
　④温室内で無加温または収穫期加温の遅出しをする栽培
　⑤温室内で夏秋から翌年の夏までの栽培

45 □□□

ロックウールとその特徴の説明として、A〜Cにあてはまる語句の組み合わせとして、最も適切なものを選びなさい。

「ロックウールは天然の岩石を高温で溶かして（　A　）にしたもので、キューブやマットなどに成型して利用される。高い（　B　）と保水力を有するが、栽培管理に際しては（　C　）状態にならないように注意する。」

	A		B		C
①	繊維状	－	固相率	－	過湿
②	繊維状	－	気相率	－	乾燥
③	粉状	－	固相率	－	過湿
④	粉状	－	固相率	－	乾燥
⑤	粉状	－	気相率	－	過湿

46 □□□

グラフはある地域の冬期における2つの野菜栽培ハウス内の1日の気温の変化である。AとBの説明として、最も適切なものを選びなさい。

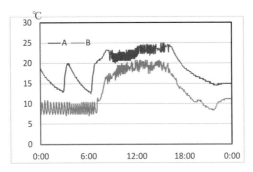

① A、Bともに温風暖房機稼働のハウスである。
② A、Bともに温水（湯）暖房機稼働のハウスである。
③ Aは温水（湯）暖房機稼働のハウスで、Bは温風暖房機稼働のハウスである。
④ Aは温風暖房機稼働のハウスで、Bは温水（湯）暖房機稼働のハウスである。
⑤ 暖房機の違いは、このグラフからは推測できない。

47 □□□

写真の閉鎖型育苗施設の説明として、最も適切なものを選びなさい。

①育苗日数にばらつきが生じるため、計画的な苗生産が難しく課題である。
②高密度で栽培できて天候に左右されないため、年間を通した利用が望ましい。
③コストの点から冬のみの使用が望ましい。
④気密度が高く CO_2 は逃げにくいため、CO_2 を施用する必要はない。
⑤気密度が高く蒸散が少ないため、かん水は不要である。

48 □□□

ポリオレフィン系紫外線カットフィルムのハウス展張効果として、最も適切なものを選びなさい。
①ミツバチの受粉活動促進
②アントシアニンによる花や果実の発色促進
③病害虫の忌避効果
④作物の生育における徒長抑制
⑤葉や果実の焼け症状回避

49 □□□

写真のフェンロー型温室の説明として、A～Cにあてはまる語句の組み合わせとして、最も適切なものを選びなさい。

「フェンロー型温室は（　A　）で開発されたガラス温室で、構造部材が細いため（　B　）に優れる。（　C　）がフェンロー型温室の大きな改良点であり、環境制御機器の設備化も進んでいる。」

```
       A              B              C
①オランダ   －  温度環境  －  軒高の増大
②イギリス   －  温度環境  －  気密性の高さ
③オランダ   －  光環境    －  軒高の増大
④イギリス   －  光環境    －  軒高の増大
⑤イギリス   －  光環境    －  気密性の高さ
```

50 □□□

写真の施設内に設置された機械装置の名称として、最も適切なものを選びなさい。

①温水（湯）暖房機
②ヒートポンプ
③温風暖房機
④電熱暖房機
⑤炭酸ガス発生機

選択科目（花き）

11 □□□

カトレアの栽培に適する用土として、最も適切なものを選びなさい。
①赤土
②水ごけ
③川砂
④鹿沼土
⑤田土

12 □□□

花きの園芸的分類の組み合わせとして、最も適切なものを選びなさい。
①一年草 ― コスモス、ハボタン
②二年草 ― ヒマワリ、カンパニュラ
③宿根草 ― キク、ペチュニア
④球根類 ― ユリ、アジサイ
⑤花木類 ― バラ、フリージア

13 □□□

写真の花きの園芸的分類として、最も適切なものを選びなさい。
①花木
②球根植物
③宿根草（多年草）
④春まき一年草
⑤秋まき一年草

第2022年度2回

14 □□□

短日植物として、最も適切なものを選びなさい。
①シャコバサボテン
②セントポーリア
③バラ
④カーネーション
⑤パンジー

15 □□□

茎の基部の芽を付けて分球する球根植物として、最も適切なものを選びなさい。
①ユリ
②ヒアシンス
③ダリア
④シクラメン
⑤カンナ

16 □□□

球根類に分類されるものとして、最も適切なものを選びなさい。
①コリウス
②フリージア
③カーネーション
④カトレア
⑤ハイビスカス

17 □□□

写真のニチニチソウの科名として、最も適切なものを選びなさい。
①アブラナ科
②ナス科
③キョウチクトウ科
④シソ科
⑤キク科

次の写真の球根から開花する花きとして、最も適切なものを選びなさい。

19 ☐☐☐

宿根草に分類される花きとして、最も適切なものを選びなさい。

①

②

③

④

⑤

20 ☐☐☐

写真のリーガースベゴニアともよばれる花きの名称として、最も適切なものを選びなさい。

①木立性ベゴニア
②根茎性ベゴニア
③エラチオールベゴニア
④球根ベゴニア
⑤冬咲きベゴニア

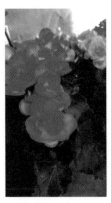

21 □□□

写真の花きの名称として、最も適切なものを選びなさい。
　①フリージア
　②カンナ
　③ダリア
　④アルストロメリア
　⑤オダマキ

22 □□□

写真の花きの名称として、最も適切なものを選びなさい。
　①ゴムノキ
　②シダ
　③ポトス
　④ドラセナ
　⑤ヤシ

23 □□□

植物の光合成速度について表したグラフの（A）に該当するものとして、最も適切なものを選びなさい。
　①見かけの呼吸速度
　②光飽和点
　③光補償点
　④見かけの光合成速度
　⑤酸素放出量

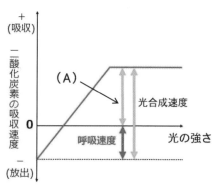

24 □□□

ウイルスフリー苗の生産に用いられる組織・器官として、最も適切なものを選びなさい。
①葉
②茎頂
③茎
④根
⑤花

25 □□□

ユリの特性として、最も適切なものを選びなさい。
①花芽の分化は発芽前に始まっている。
②球根を高温処理することによって開花が早まる。
③栽培温度が高いほど花数は多くなる。
④根は下根と上根があり、上根から養水分を吸収する。
⑤球根は乾燥に強い。

26 □□□

プリムラ類の特性として、最も適切なものを選びなさい。
①暑さに強く寒さに弱い。
②ポリアンサやオブコニカは短日で開花が早まる。
③原産地はオーストラリアである。
④本来は宿根草であるが、わが国では栽培上は一年草として扱われる。
⑤暗発芽種子である。

27 □□□

写真のベゴニア センパフローレンスの説明として、最も適切なものを選びなさい。
①短日植物である。
②長日植物である。
③一定の温度があれば低温期も周年開花する。
④耐寒性が強く戸外で枯死しない。
⑤宿根草である。

28 □□□

写真のランの（A）の部位の名称として、最も適切なものを選びなさい。
　①リップ
　②ペタル
　③セパル
　④コラム
　⑤バルブ

（A）

29 □□□

生育に適する土壌の酸度が最も低い花きとして、適切なものを選びなさい。
　①アザレア
　②マリーゴールド
　③ジニア
　④ゼラニウム
　⑤サイネリア

30 □□□

草花の種類と園芸生産における繁殖方法の組み合わせとして、最も適切なものを選びなさい。
　①ビオラ　　　　　—　　株分け
　②ストック　　　　—　　株分け
　③アンスリウム　　—　　種子繁殖
　④ポトス　　　　　—　　さし芽
　⑤シンビジウム　　—　　さし芽

31 □□□

　温帯地域の夏花壇植栽に適する花きの組み合わせとして、最も適切なものを選びなさい。

サルビア　　　　　　　ビオラ　　　　　　　ジニア

パンジー　　　　　　ハボタン

①サルビア、ビオラ
②サルビア、ジニア
③ジニア、ハボタン
④ハボタン、パンジー
⑤ジニア、ビオラ

32 □□□

　草本類の花きのさし芽の説明として、最も適切なものを選びなさい。
①さし床用土には田土を使用する。
②発根促進剤にはジベレリンを使用する。
③ウイルス対策のため、さし穂はハサミで切る。
④さし穂に残す葉面積が広いほど成功率は高い。
⑤さし穂の切り口は斜めに切る。

33 □□□

　秋ギクの花芽分化の特徴として、最も適切なものを選びなさい。
①30℃以上の高温で花芽分化が促進される。
②朝、夕に電照することで、花芽分化が促進される。
③長日期に遮光で日長を短くすることにより、花芽分化が促進される。
④短日条件下で花芽分化が抑制される。
⑤温度は花芽分化に影響しない。

34 □□□

パンジーを発芽させるための温度として、最も適切なものを選びなさい。
① 0～5℃
② 5～10℃
③15～20℃
④25～30℃
⑤30～35℃

35 □□□

写真のかん水方法として、最も適切なものを選びなさい。
①チューブかん水
②ノズルかん水
③底面給水
④マット給水
⑤ひも給水

36 □□□

花きの栽培管理に関する用語の説明として、最も適切なものを選びなさい。
① CEC は土壌の水分の吸着力を表す数値である。
② IPM は病害・害虫・雑草をそれぞれ単独で管理する技術のことである。
③ DIF を利用することによって草丈が伸長、もしくは伸長が抑制される。
④ EC は溶液などの酸性・アルカリ性を示す尺度のことである。
⑤ pH は電気伝導度のことで、土壌中にあるいろいろなイオンの総量を表す。

37 □□□

写真はミズゴケなどが低温・酸欠状態で長年堆積した用土材料である。この名
称として、最も適切なものを選びなさい。
①バーク
②ピートモス
③バーミキュライト
④パーライト
⑤硅砂

38 □□□

次のうち酸度の強い用土として、最も適切なものを選びなさい。
①赤土
②パーライト
③鹿沼土
④腐葉土
⑤バーミキュライト

39 □□□

バラの接ぎ木部分より上部にできた写真の矢印の症状の対策として、最も適切なものを選びなさい。
①こぶの部分をただちに切除する。
②患部に殺菌剤を注入する。
③ただちに株を処分して土壌を入れ替える。
④ウイルスフリー苗を導入する。
⑤特別な対策は必要ない。

40 □□□

バラ温室にある二酸化炭素発生装置の目的として、最も適切なものを選びなさい。
①バラの花芽分化を抑制する。
②バラの光合成を促進する。
③バラの呼吸量を抑制する。
④バラの呼吸量を促進する。
⑤バラの耐寒性を高める。

41 □□□

　写真のカーネーションの花弁の白い傷の原因として、最も適切なものを選びなさい。

①スリップス
②灰色かび病
③ハダニ
④窒素肥料の不足
⑤いちょう病

42 □□□

　写真の花の症状の対策として、最も適切なものを選びなさい。
　①殺虫剤を散布する。
　②殺ダニ剤を散布する。
　③過湿にする。
　④日中は室内換気に心がけ、夜間は加温する。
　⑤二酸化炭素の濃度を高める。

43 □□□

　シクラメンの「葉腐細菌病」の防除法として、最も適切なものを選びなさい。
　①暖房・換気して湿度を下げる。
　②枯れた葉や花を除去する。
　③通風をよくする。
　④種子・鉢・用土などは消毒したものを使う。
　⑤殺虫剤を散布して伝染源を断つ。

44 ☐☐☐

さし木やさし芽に発根剤として使用される植物ホルモンとして、最も適切なものを選びなさい。
①ジベレリン
②オーキシン
③サイトカイニン
④エチレン
⑤アブシシン酸

45 ☐☐☐

切り花のSTS剤処理の説明として、最も適切なものを選びなさい。
①エチレン生成を阻害して老化を防ぎ、日持ちを向上させる。
②すべての切り花の老化防止に効果がある。
③殺菌作用により、水あげを向上させ延命させる。
④収穫直後よりも、小売店で販売前に処理することで効果が高まる。
⑤STS剤の成分には銅が含まれている。

46 ☐☐☐

ジベレリンを0.4％含む液剤を希釈して40ppmの散布剤を作りたい。何倍に希釈すればよいか、正しいものを選びなさい。
①10倍
②100倍
③1,000倍
④10,000倍
⑤100,000倍

47 ☐☐☐

畑に窒素を2kg施用するとき、ナタネ油かす（窒素成分5％）を何kg施用したらよいか、正しいものを選びなさい。
①10kg
②20kg
③25kg
④30kg
⑤40kg

48 □□□

令和2年に改正された種苗法において、品種登録された花き品種の育成者権の存続期間として、最も適切なものを選びなさい。
　　①5年
　　②10年
　　③15年
　　④20年
　　⑤25年

49 □□□

花きの施設栽培の暑さ対策に用いられる資材として、最も適切なものを選びなさい。
　　①シルバーポリエチレンフィルム
　　②酢酸ビニルフィルム
　　③シルバー寒冷紗
　　④不織布二重カーテン
　　⑤防虫ネット

50 □□□

写真の温室暖房の温風機の燃料として、最も適切なものを選びなさい。
　　①ガソリン
　　②プロパンガス
　　③コークス
　　④軽油
　　⑤灯油

選択科目（果樹）

11 □□□

果樹の作業とその目的として、最も適切なものを選びなさい。

作業		目的
①摘果	—	開花前に余分な芽を摘み、果実肥大を促す。
②高接ぎ	—	改植せず、接ぎ木によって短期間に品種更新を行う。
③人工受粉	—	訪花昆虫を利用して、結実確保を図る。
④防風網の設置	—	ネット（網）によりアブラムシの侵入を防ぐ。
⑤礼肥	—	全生育期間にわたって肥効を持続させる。

12 □□□

次の文章のA、Bにあてはまる語句の組み合わせとして、最も適切なものを選びなさい。

「カンキツ栽培では、 A の B が気象的な栽培制限要因となる。また、隔年結果性があるので、高品質果実を毎年安定して生産できるよう周到な栽培管理が必要である。」

	A		B
①	夏季	—	最高気温
②	夏季	—	最低気温
③	冬季	—	最高気温
④	冬季	—	最低気温
⑤	春季	—	日照時間

13　□□□

生理的落果を防止する方法として、最も適切なものを選びなさい。
　①病害虫を予防する農薬を散布する。
　②適切なせん定と摘花・摘果等により結実数を適正にする。
　③無摘果として、多くの果実を着果させる。
　④窒素成分肥料を多く施し、徒長的成長・強勢樹にする。
　⑤かん水を徹底し、土壌水分を過剰気味に保つ。

14　□□□

結実が多い年と少ない年が交互に繰り返される隔年結果の説明として、最も適切なものを選びなさい。
　①隔年結果の防止には、病害虫防除の徹底が有効である。
　②隔年結果には、せん定や摘果は関係がない。
　③成り年は、摘果を遅めに行い、着果量も多くする。
　④隔年結果の原因は、摘果の遅れや着果過多が関係する。
　⑤果樹栽培において、隔年結果を防ぐことは困難である。

15　□□□

果樹の成長に関する説明として、最も適切なものを選びなさい。
　①栄養成長とは、肥料などの栄養分を与えた後に生じる成長のことである。
　②栄養成長とは、枝葉の成長のことで、根の成長は含まれない。
　③生殖成長とは、果実の成長のことで、花芽分化や開花は含まれない。
　④植え付けたばかりの苗木では、栄養成長を盛んにして生殖成長しないものが多い。
　⑤老木期に入った樹では、生殖成長をせずにもっぱら栄養成長をする。

16　□□□

雨による果樹園内の表土流失（流亡）を防ぐ効果的な対策として、最も適切なものを選びなさい。
　①敷きワラ、敷き草栽培にする。
　②溝を掘る。
　③清耕栽培にする。
　④排水のよい斜面で栽培する。
　⑤盛り土栽培にする。

17 □□□

全国的に栽培が増えている「シャインマスカット」の品種分類として、最も適切なものを選びなさい。
　　①四倍体欧米雑種
　　②二倍体欧米雑種
　　③欧州（ヨーロッパ）種
　　④米国（アメリカ）種
　　⑤醸造（ワイン）専用種

18 □□□

写真はモモの花の断面である。矢印部分が肥大して果実になるが、矢印部分の名称として、最も適切なものを選びなさい。
　　①花柱
　　②柱頭
　　③子房
　　④花床（花托）
　　⑤がく片

19 □□□

リンゴの開花・結実について、最も適切なものを選びなさい。
　　①リンゴは摘花はいっさい行わず、摘果のみ実施する。
　　②リンゴは最初に側花が開き、その後中心花が開花する。
　　③リンゴは単為結果しやすいので、人工受粉の必要はない。
　　④リンゴは自家不和合性であるため、受粉樹の混植が望ましい。
　　⑤リンゴは受粉樹が混植されていれば、人工受粉の必要はまったくない。

20 □□□

ウンシュウミカンの摘果について、最も適切なものを選びなさい。
　　①摘果時期を遅くすればするほど、果実の肥大が促進される。
　　②摘果の程度は、葉果比で80〜100枚が標準である。
　　③標準の葉果比になるまで、果実の成長をみながら何回かに分けて摘果する。
　　④摘果を十分に行っても、隔年結果を防ぐ効果はない。
　　⑤部分摘果とは、樹冠全体の果実の着果数を減らす摘果法のことである。

21 □□□

　ブドウの開花直前に新梢の先端を摘心することがあるが、この摘心の目的について、最も適切なものを選びなさい。
　　①新梢の伸長を一時的に抑えることにより、花穂の充実・果粒肥大が目的。
　　②枝が長く伸びると作業に支障があるため、新梢の伸長を完全に止めることが目的。
　　③粒数が多いと摘粒が大変なため、結実数を少なくすることが目的。
　　④切り返しせん定のように、枝をさらに伸ばすことが目的。
　　⑤わき芽を多く発生させ、枝を横に広げることが目的。

22 □□□

　ウンシュウミカンの収穫にあたって、注意することとして、最も適切なものを選びなさい。
　　①果こう枝は必ずハサミで二度切りをして、軸を長く残さない。
　　②果皮が丈夫なので、地面に落としたミカンでも特に問題はない。
　　③高い所の枝になっている果実は、ミカンをつかんで手もとに引き寄せて収穫する。
　　④浮皮の発生程度を手の感触で判別するために、手袋をしないで収穫する。
　　⑤雨の後にミカンが濡れていても、特に問題はないので収穫作業を行う。

23 □□□

　ブドウの「シャインマスカット」をジベレリン2回処理で無核化（ストレプトマイシン併用）する場合、1回目の処理時期として、最も適切なものを選びなさい。
　　①開花始め前
　　②開花始め時
　　③満開5〜3日前
　　④満開時〜満開3日後
　　⑤満開7日後

24 □□□

　果樹の交雑育種の説明として、最も適切なものを選びなさい。
　　①自然状態の中から、枝変わりなどを選ぶ方法。
　　②在来品種の種子を多数播種して、発芽してきた中からよい形質を持ったものを選んでいく方法。
　　③茎頂を培養して新しい苗をつくる方法。
　　④異なる品種を掛け合わせて雑種をつくり、播種後に選抜していく方法。
　　⑤放射線を使って人為的に突然変異をおこして新しい品種をつくる方法。

25 □□□

挿し木による発根が容易な果樹の組み合わせとして、最も適切なものを選びなさい。
　①リンゴ、ナシ、キウイフルーツ
　②ナシ、カキ、リンゴ
　③キウイフルーツ、ブルーベリー、パインアップル
　④カキ、オウトウ、ブルーベリー
　⑤オウトウ、ウメ、ウンシュウミカン

26 □□□

多くの果樹ではさまざまな台木を利用した苗木の育成が行われている。果樹と台木の組み合わせとして、最も適切なものを選びなさい。

果樹	台木
①カンキツ —	マルメロ選抜系統台木
②ブドウ —	フィロキセラ抵抗性台木
③リンゴ —	ヒリュウ台木
④カキ —	M 9台木
⑤モモ —	マルバカイドウ台木

27 □□□

果樹苗木の植え付け方法として、最も適切なものを選びなさい。
　①植え付けは、接ぎ木部分が隠れるまで土をかぶせる。
　②傷んだ根は、きれいに切り除く。
　③たい肥などの有機物は施用しない方がよい。
　④窒素成分を多く含む肥料を大量に入れる。
　⑤苗は長いままで、切り戻しはしない。

28 □□□

ブドウの新梢管理について、最も適切なものを選びなさい。
　①枝は上を向いていた方が生育がよいので、棚付けの誘引はできるだけしない方がよい。
　②新梢が発生して間もない時期は、新梢の基部と結果母枝との結合が強いため、強く引っ張る誘引ができる。
　③誘引をする場合、捻枝（ねんし）は絶対に行ってはならない。
　④勢いの弱い枝は、強い枝よりも棚付けの誘引を遅くした方が枝の伸長がよい。
　⑤結果母枝から強い新梢が多く発生している場合は、弱い枝が発生しているところより、芽かきは早くする。

29 □□□

カンキツのせん定について、最も適切なものを選びなさい。
①切り返しせん定は樹勢を強め、間引きせん定は樹勢を落ち着かせる効果がある。
②樹勢の弱い品種は、基本的に立ち枝を切って、枝を横方向に寝かせ気味にする。
③表年（成り年）は間引きせん定を、おもに行う。
④裏年（不成り年）は切り返しせん定を、おもに行う。
⑤樹勢の強い品種は基本的に横枝を切って、立ち枝を残す。

30 □□□

セイヨウナシについて、最も適切なものを選びなさい。
①「ヤーリー」「王秋」などがおもな品種である。
②品種によって予冷期間や追熟日数の差がない。
③樹上で成熟させてから収穫し、一晩追熟させてから食する。
④収穫にあたっては、樹上の果実を実際に食することで収穫期を判断する。
⑤一般に樹上である程度熟させてから収穫し、冷蔵庫等で予冷を行った後、室温等で追熟させることで食べ頃となる。

31 □□□

貯蔵法と、その方法が一般的に用いられる果樹との組み合わせとして、最も適切なものを選びなさい。
①常温貯蔵 ― ニホンナシ
②常温貯蔵 ― モモ
③MA貯蔵 ― ウンシュウミカン
④CA貯蔵 ― ウンシュウミカン
⑤CA貯蔵 ― リンゴ

32 □□□

写真は樹勢の強い間伐予定樹のブドウ「シャインマスカット」に対して、満開期に樹皮を剥ぐ処理をしたものである。この処理の目的として、最も適切なものを選びなさい。

①新梢の伸長を旺盛にする。
②果粒肥大を促進する。
③新梢の生育を完全に停止する。
④着房数を減らす。
⑤根からの養水分の吸収を阻害して、樹勢を弱める。

33 □□□

果樹のせん定の説明として、最も適切なものを選びなさい。
①美しく、見た目によい樹形にすることが最大の目的である。
②弱せん定をすることによって、徒長枝を多く発生させることができる。
③着果数を減らし、隔年結果を防止し、果実品質をよくすることが主要な目的である。
④せん定は収量が減少するだけで、果実の大きさ、品質には影響しない。
⑤春から秋までの間に新しく出た徒長枝を切ったりすることは、せん定には含まれない。

34 □□□

土壌の深耕について、最も適切なものを選びなさい。
①根の広がっている部分を局部的に深耕することで、土壌中の水分・空気含有量が増加し、根に対する酸素の供給量が増加する。
②できるだけ深く深耕し、多くの根を切り、新根の発生を促す。
③できるだけ主幹に近いところを掘り、多くの根を切り、新根の発生を促す。
④かん水を徹底して行い、土壌水分を確保する。
⑤土壌消毒を行い、土壌病原菌を駆除する。

35 □□□

落葉果樹において種子をまいて苗をつくらない理由として、最も適切なものを選びなさい。

①種子をまいて苗をつくると、親より劣ったものができやすいため。
②種子をまいても、まったく発芽しないため。
③種子をまいてつくった苗は、根の伸びが悪いため。
④種子をまいてつくった苗は、結実しないため。
⑤種子をまいてつくった苗は、病気に弱いため。

36 □□□

ブドウの「短梢せん定」の説明として、最も適切なものを選びなさい。

①基本は短く切られた1結果母枝から2本の新梢を伸ばして収量を確保するせん定である。
②新梢の勢力を弱めるため、樹勢が落ち着くせん定である。
③新梢を機械的に短く切る方法で、房管理や誘引等の作業効率がよいせん定である。
④結果母枝を1～2芽で切る短梢せん定は、樹勢が強くなり、着色や成熟が早まる。
⑤着果量のコントロールが困難で、着果過多となりやすい。

37 □□□

写真はナシ園に設置された機器とその機器の上部である。開花期前後の夜明け前に使用されるが、この機器の使用目的として、最も適切なものを選びなさい。

①局地的に発生する 降雹 被害を防ぐ。
②地上付近の暖気を上空10m付近まで押し上げ、気温を低下させる。
③人工受粉の省力化のため、風を送り花粉を飛散させる。
④ナシ棚付近へ風を送ることにより、湿度を下げて病害虫の発生を低減させる。
⑤地上6～10m付近の暖気を地表面に送り、霜害の発生を防ぐ。

38 □□□

写真のオウトウの裂果が発生した気象要因として、最も適切なものを選びなさい。

①降霜（こうそう）
②強風
③高温
④降雨
⑤降雹（こうひょう）

39 □□□

中晩生カンキツを収穫したところ、写真のような果実が収穫された。このような症状が発生する原因として、最も適切なものを選びなさい。

①肥料の与え過ぎによる根傷み
②収穫時期の遅れによる果実の過熟
③低温による果実の凍結
④秋季～初冬季における高温多雨な気象条件
⑤吸汁性昆虫による被害

40 □□□

写真のモモのみつ症状の説明として、最も適切なものを選びなさい。

①みつ入り果は貯蔵性がよく、市場評価が高い。
②収穫時期が早過ぎると多く発生する。
③高温・多雨、収穫遅れ、大玉で発生しやすい果肉障害果である。
④小玉の果実で発生が多いため、着果量を少なくして大玉を生産する。
⑤病原菌が原因であるため、薬剤散布を徹底する。

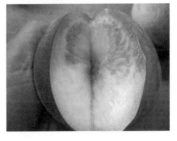

41 □□□

写真の A の部分は、リンゴのわい化栽培の地際部から地上部にかけて白塗剤が塗布されている。この白塗剤の目的として、最も適切なものを選びなさい。

①樹皮の乾燥防止対策
②野ネズミ食害防止対策
③ハダニ防止対策
④樹皮への病害防止対策
⑤凍害防止対策

42 □□□

写真はウンシュウミカンの果実である。このような果実ができる原因として、最も適切なものを選びなさい。

①黒点病による被害
②かいよう病による被害
③ミカンハモグリガによる被害
④ゴマダラカミキリによる被害
⑤ヤノネカイガラムシによる被害

43 □□□

写真は、ブドウの葉がボコボコに隆起して、葉裏には毛の密生した毛せんの症状が発生しているものである。この発生原因として、最も適切なものを選びなさい。

葉表　　　　　　　　　　　　葉裏

①マグネシウム不足
②ドウガネブイブイ（ドウガネブンブン）による食害
③ブドウトラカミキリ、ブドウスカシバによる食害
④ダニ類による吸汁害
⑤土壌の水分過多

44 □□□

ニホンナシの葉・幼果に黒色のスス状の病斑があり、写真の段階では、かさぶた状の病斑となっていた。この病名として、最も適切なものを選びなさい。

①赤星病
②黒星病
③白紋羽病
④輪紋病
⑤胴枯れ病

45 □□□

写真のリンゴは商品とならないため、選果の際に取り除いた果実である。この症状として、最も適切なものを選びなさい。
　　①斑点落葉病
　　②黒星病
　　③凍霜害
　　④日焼け
　　⑤ビターピット

46 □□□

近年、鳥獣被害が増加しているが、甘い果実が大好物で、木や網・縄を登るため、防除が困難で被害が拡大している外来生物として、最も適切なものを選びなさい。
　　①イノシシ、シカ
　　②キツネ、アナグマ
　　③ハクビシン、アライグマ
　　④タヌキ、ウサギ
　　⑤ヌートリア、モグラ

47 □□□

中晩生カンキツの袋掛けのおもな目的として、最も適切なものを選びなさい。
　　①果実の糖度を高くする。
　　②病気の発生を防ぐ。
　　③鳥による食害を防止する。
　　④浮き皮発生を防止する。
　　⑤隔年結果を軽減する。

48 □□□

根域制限栽培について、最も適切なものを選びなさい。
　　①大型鉢、コンテナ、防根シートへの盛り土等で根の伸びる範囲を制限し、一般的には樹が小さくなる。
　　②コンテナ、大きな鉢の栽培のみが根域制限栽培である。
　　③樹が太く大きくならない台木による栽培方法である。
　　④樹の先端を次の樹に接ぎ木をして、樹を連結していく栽培方法である。
　　⑤果樹園内においては、根が横に伸びないようなもので30cmの深さを囲めばよい。

49 □□□

写真 A〜C は果樹の花の写真である。それぞれの花の果樹名の組み合わせとして、最も適切なものを選びなさい。

A

B

C

①クリ　　　—　マンゴー　—　ビワ
②ナシ　　　—　ブドウ　　—　マンゴー
③ビワ　　　—　ナシ　　　—　ブドウ
④ナシ　　　—　クリ　　　—　ブドウ
⑤マンゴー　—　ビワ　　　—　クリ

50 □□□

散布用農薬100L を次のとおり調合したい。それぞれの薬量として、最も適切なものを選びなさい。

「展着剤0.1〜0.3ml ／ L、殺菌剤800倍、殺虫剤2,000倍」

	展着剤（ml）	殺菌剤（g）	殺虫剤（ml）
①	1〜3	8	15
②	10〜30	80	150
③	1〜3	12.5	5
④	10〜30	125	50
⑤	100〜300	1,250	500

選択科目（畜産）

11 □□□

次の文章中の A、B にあてはまる語句の組み合わせとして、最も適切なものを選びなさい。

「ニワトリの品種は、その用途により、大きく卵用、肉用、卵肉兼用、観賞用に分類される。その中で、ロードアイランドレッドは (A) に、コーニッシュは (B) に分類される。」

	A		B
①	肉用種	—	卵用種
②	肉用種	—	卵肉兼用種
③	卵肉兼用種	—	卵用種
④	卵肉兼用種	—	肉用種
⑤	卵用種	—	卵肉兼用種

12 □□□

ニワトリの消化器官とその働きの組み合わせとして、最も適切なものを選びなさい。

① くちばし — 大量のだ液を分泌することで、胃内の pH を一定に保つ。
② 素のう — 飼料を一時たくわえ、水や粘液で飼料をふやかす。
③ 腺胃 — 飼料の消化・吸収を行い、グリットと呼ばれる小石や砂が入っている。
④ 筋胃 — 胃酸と消化液を分泌して飼料を消化する。
⑤ 空回腸 — 強い筋肉の収縮運動で飼料をすりつぶし、かくはんする。

13 □□□

ペックオーダーの説明として、最も適切なものを選びなさい。
①密飼いや高温・多湿、明るすぎるなどの飼育環境が悪いときにおこりやすい。
②ひなが若いうちにくちばしの先を切除する処理である。
③古い羽毛が抜けて新しい羽毛におきかわる性質である。
④お互いをつつきあうことで本能的な強弱の順位ができる。
⑤飼料中のカルシウム不足でおこりやすくなる。

14 □□□

ニワトリのひなの育すうについて、最も適切なものを選びなさい。
①換気を怠ると、病気にかかりやすくなるなど発育に悪影響があるので注意する。
②初生びなは初生羽におおわれているため、加温する必要はない。
③ウインドウレス鶏舎ではワクチン接種の必要はない。
④湿度が高いと病気にかかりやすくなるため、35％未満になるように注意する。
⑤ひなが温源部から離れて寝ていれば、適温である。

15 □□□

ニワトリは通常産卵開始からおよそ10か月以上経過すると卵質が大きく低下しはじめる。この時期の産卵率低下、卵質を改善する方法として、最も適切なものを選びなさい。
①照明の常時点灯
②強制換羽
③ホルモン注射
④タンパク質の増給
⑤ビタミンの添加

16 □□□

鶏卵の保存中の変化に関する説明として、最も適切なものを選びなさい。
①産卵直後の卵白のpHは約7.5であるが、日数の経過により炭酸ガスが散逸し、pHは約5.5になる。
②日数が経過すると濃厚卵白は水様卵白に変化するが、卵白の高さは変わらない。
③日数が経過した卵をゆで卵にしたとき、卵黄の表面は緑黒色になる。
④日数が経過すると、卵黄膜は脆弱化し、卵黄係数は大きくなる。
⑤日数が経過した卵の重量は減少する。これは気孔を通じて炭酸ガスが散逸するためである。

17 □□□

ニワトリの病気のうち法定伝染病の組み合わせとして、最も適切なものを選びなさい。
①ニューカッスル病、家禽サルモネラ感染症
②鶏痘、鶏コクシジウム症
③マレック病、呼吸器性マイコプラズマ病
④伝染性コリーザ、鶏白血病
⑤高病原性鳥インフルエンザ、口蹄疫

18 □□□

わが国で肥育用に利用されているブタの三元交雑種を生産するのに使われる純粋種の組み合わせとして、最も適切なものを選びなさい。
①大ヨークシャー種 ― 中ヨークシャー種 ― ハンプシャー種
②中ヨークシャー種 ― ランドレース種 ― デュロック種
③ランドレース種 ― バークシャー種 ― デュロック種
④大ヨークシャー種 ― ランドレース種 ― ハンプシャー種
⑤大ヨークシャー種 ― ランドレース種 ― デュロック種

19 □□□

一般的なブタの生時体重と出荷体重および肥育期間の組み合わせとして、最も適切なものを選びなさい。

	生時体重		出荷体重		肥育期間
①	1 kg	―	100kg	―	10か月
②	1 kg	―	210kg	―	15か月
③	1.5kg	―	115kg	―	6か月
④	2 kg	―	155kg	―	20か月
⑤	2.5kg	―	185kg	―	8か月

20 □□□

ブタ（成豚）の飼育適温域として、最も適切なものを選びなさい。
①－5～25℃
②5～25℃
③10～25℃
④15～35℃
⑤30～45℃

21 □□□

ブタの肥育に関する説明として、最も適切なものを選びなさい。
①脂肪は、筋肉の間に入り、ついで皮下と腹（内臓）に蓄積する。
②低栄養飼料は脂肪がつきすぎたり、肉じまりが悪くなりやすい。
③バークシャー種などの中型種に比べ大型種は脂肪沈着がよく、肉の味が優れている。
④高栄養飼料では、脂肪がつきやすいが、肉質はよくなる傾向がある。
⑤あまり短期間に肥育させたものは、脂肪の入りが少なく、水っぽい肉になる。

22 □□□

ブタの人工授精の手法である深部注入の記述として、最も適切なものを選びなさい。
①子宮の深部まで器具を挿入するため、危険性が高い。
②使用する精液が少量でも受胎する。
③従来の人工授精法より特殊な技術が必要で、習得に時間がかかる。
④ブタの許容中に1回だけ行えばよい。
⑤受胎率が大幅に向上するメリットがある。

23 □□□

SPF豚の説明として、最も適切なものを選びなさい。
①特定病原体不在豚のことで、一般的に発育がよい。
②国が認めたブランド豚で、肉のきめ細やかさとやわらかさが特長である。
③繁殖性が高く、飼養する養豚農家が増えてきている。
④遺伝子操作により病気になりにくい特長のあるブタのことである。
⑤特別な施設は必要なく、簡単に始められる。

24 □□□

ブタの法定伝染病として、最も適切なものを選びなさい。
①豚流行性肺炎
②寄生虫病
③豚赤痢
④伝染性胃腸炎
⑤豚熱（豚コレラ）

25 □□□

写真のウシの品種名として、正しいものを選びなさい。
①日本短角種
②アバディーン・アンガス種
③ヘレフォード種
④シャロレー種
⑤褐毛和種

26 □□□

写真中の①～⑤のうち、体高を示しているものを選びなさい。

27 □□□

ウシの消化・吸収に関する記述のA、Bにあてはまる語句の組み合わせとして、最も適切なものを選びなさい。

「ウシの第1胃で、飼料中のセルロースやデンプンなどの炭水化物が（A）の働きにより分解され、（B）が生産されて、第1胃から吸収される。」

　　　　A　　　　　　B
①胃液　　—　アミノ酸
②胃液　　—　揮発性脂肪酸
③微生物　—　アミノ酸
④微生物　—　揮発性脂肪酸
⑤微生物　—　ビタミン

28 □□□

ホルスタイン種雌牛の一般的な出生時の体重として、最も適切なものを選びなさい。

①20～30kg
②40～50kg
③70～80kg
④90～100kg
⑤110～120kg

29 □□□

子牛の育成管理に関する説明として、最も適切なものを選びなさい。

①耳標の装着は、離乳してから行うのが望ましい。
②除角は、生後すぐ立ち上がる前に行う必要がある。
③初乳にはセルロースが含まれており、必ず給与する。
④早期離乳は、反すう胃の発達を阻害してしまうため注意する。
⑤出生後すぐに臍帯をヨード液で消毒し、臍帯炎を予防する。

30 □□□

乳期と乳量・乳成分の変化を示す図の A～D にあてはまる語句の組み合わせとして、最も適切なものを選びなさい。

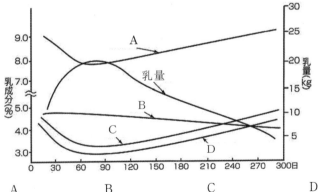

	A		B		C		D
①	乳糖率	－	タンパク質率	－	無脂固形分率	－	乳脂率
②	乳糖率	－	タンパク質率	－	乳脂率	－	無脂固形分率
③	無脂固形分率	－	乳糖率	－	タンパク質率	－	乳脂率
④	無脂固形分率	－	乳糖率	－	乳脂率	－	タンパク質率
⑤	無脂固形分率	－	乳脂率	－	乳糖率	－	タンパク質率

31 □□□

　下垂体後葉から分泌されるホルモンの1つで、子宮の収縮、分娩時の陣痛、乳汁排出といった作用を示すホルモンとして、最も適切なものを選びなさい。
　　①ジェスタージェン
　　②エストロジェン
　　③アンドロジェン
　　④オキシトシン
　　⑤プロスタグランディン

32 □□□

　次の文章のA〜Cにあてはまる語句の組み合わせとして、最も適切なものを選びなさい。

　「ウシの発情周期はおおよそ(A)日間隔、妊娠期間はおおよそ(B)日間である。円滑な酪農経営を行うためには、空胎日数を(C)する必要がある。」

	A		B		C
①	7	—	114	—	長くする
②	7	—	280	—	長くする
③	21	—	114	—	短くする
④	21	—	114	—	長くする
⑤	21	—	280	—	短くする

33 □□□

　写真は受精卵（胚）移植に用いるウシの受精卵であるが、Aの形態名と受精後の日齢の組み合わせとして、最も適切なものを選びなさい。

	形態名		日齢
①	初期胚盤胞	—	5〜6日
②	8細胞期胚	—	5〜6日
③	桑実胚	—	5〜6日
④	桑実胚	—	7〜8日
⑤	胚盤胞	—	7〜8日

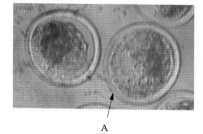

A

34 □ □ □

　ウシの妊娠診断法のうち、「授精後、次の発情予定日の前後に再発情がなければ妊娠とみなす」方法として、最も適切なものを選びなさい。
　　①ノンリターン法
　　②超音波診断法
　　③胎膜スリップ法
　　④ホルモン検査法
　　⑤頸管粘液検査法

35 □ □ □

　令和4年5月1日に発情を確認したウシ（黒毛和種）に対して、5月7日に受精卵移植を行い妊娠を確認した。このウシの分娩予定日として、最も適切なものを選びなさい。
　　①令和5年2月4日
　　②令和5年2月11日
　　③令和5年2月18日
　　④令和5年2月25日
　　⑤令和5年3月4日

36 □ □ □

写真の施設の搾乳方式の名称として、最も適切なものを選びなさい。
　　①フリーストール方式
　　②ミルキングパーラ方式
　　③つなぎ方式
　　④デンマーク方式
　　⑤フリーバーン方式

37 □□□

写真はウシの管理に使用する器具一式を示している。何に使用する器具であるか、最も適切なものを選びなさい。
①去勢
②鼻環装着
③腟内部の観察
④人工授精
⑤削蹄

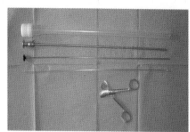

38 □□□

次の特徴を示すウシの病気として、最も適切なものを選びなさい。

「飼料中のマグネシウム不足が原因であり、興奮、けいれん、起立不能等の症状を示す。」

①ケトーシス
②乳熱
③ルーメンアシドーシス
④グラステタニー
⑤フリーマーチン

39 □□□

黒毛和種の記述として、最も適切なものを選びなさい。
①日本在来種にショートホーン種を交配して改良が進められ、角は白あるいはあめ色をしている。
②山口県が主産地で無角、毛色は黒の単色で黒みが強い。
③全国に分布し毛色は黒の単色で毛、角、つめ、粘膜いずれも黒い。
④熊本系は黄褐色の単色、高知系は赤褐色で体積に富み、発育のよいものが多い。
⑤毛色は灰褐色で鼻鏡と口の周辺が糊口といわれる白色になっている。

40 ☐☐☐

　肉牛を出荷・と畜した際、枝肉重量が520kg、枝肉歩留率が64%であった。この時のウシの出荷体重として、最も適切なものを選びなさい。
　　①784kg
　　②813kg
　　③844kg
　　④873kg
　　⑤904kg

41 ☐☐☐

　イネ科の牧草として、最も適切なものを選びなさい。
　　①シロクローバ
　　②ビートパルプ
　　③チモシー
　　④ルーサン
　　⑤フスマ

42 ☐☐☐

　カルシウム含量が多い飼料として、最も適切なものを選びなさい。
　　①稲わら
　　②脱脂粉乳
　　③ナタネかす
　　④トウモロコシ
　　⑤魚粉

43 ☐☐☐

　牧草の収穫・調製の説明として、最も適切なものを選びなさい。
　　①収量性が最も高いのは、栄養成長期である。
　　②栄養価が最も高いのは、生殖成長期である。
　　③梱包作業にはブロードキャスタを利用する。
　　④乾草では水分含量を15%以下に乾燥させる。
　　⑤サイレージは、よく乾燥させた牧草をビニルで密閉する。

44 □□□

ウシの飼料設計に際して使用する用語のうち、最も適切なものを選びなさい。
- ①DM　　：粗タンパク質
- ②NDF　：中性デタージェント繊維
- ③NFE　：可消化養分総量
- ④TDN　：可溶性無窒素物
- ⑤CP　　：乾物

45 □□□

次の文章の A〜C にあてはまる語句の組み合わせとして、最も適切なものを選びなさい。

「堆肥の発酵には（A）が重要である。堆肥に適量の（B）を混合し（A）することで、（C）細菌の働きを活発にさせる必要がある。」

	A		B		C
①	撹拌	—	副資材	—	好気性
②	放置	—	副資材	—	好気性
③	撹拌	—	副資材	—	嫌気性
④	放置	—	水	—	嫌気性
⑤	撹拌	—	水	—	嫌気性

46 □□□

家畜排せつ物の管理の適正化及び利用の促進に関する法律（家畜排せつ物法）に基づく管理基準に関して、最も適切なものを選びなさい。
- ①糞など固形状の排せつ物を管理する施設は、直射日光が当たる場所に築造しなければならない。
- ②ウシ10頭、ブタ100頭、ニワトリ2,000羽以上を飼養する農家は管理基準を順守しなければならない。
- ③放牧場や運動場内での家畜糞尿は、法律の対象から除外されている。
- ④家畜排せつ物の年間の発生量、処理の方法や処理した数量の記録は必要ない。
- ⑤尿やスラリーなど液状の家畜排せつ物は、管理する施設を設けなくてもよい。

47 □□□

不活化ワクチンに関する記述として、最も適切なものを選びなさい。
①毒性を弱めたウイルスなどを使用し、獲得免疫が強く、免疫持続期間も長い。
②生きている病原体を使うため、ワクチン株の感染による副反応を発現する恐れがある。
③副反応が大きいが、免疫の続く期間が長い。
④弱毒化した微生物を使用し、2～3週間あけて何度か接種しなければならない。
⑤化学処理などにより死んだウイルスなどを使用し、免疫の続く期間が短いことがあり、複数回接種が必要なものが多い。

48 □□□

写真の器具に関連する作業名称として、正しいものを選びなさい。

 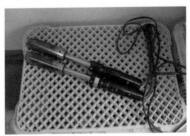

①削蹄
②搾乳
③去勢
④除角
⑤分娩

49 □□□

写真の機械の使用用途として、正しいものを選びなさい。
　①粗耕起
　②鎮圧
　③播種
　④心土破砕
　⑤肥料散布

50 □□□

　牛乳の乳質・規格について、A〜Cにあてはまる組み合わせとして、最も適切なものを選びなさい。

	無脂乳固形分	乳脂肪分	細菌数 (標準平板培養法)
牛乳	（A）	（B）	（C）

	A	B	C
①	8.5％以上	3.3％以上	30,000以下／ml
②	8.0％以上	0.5％以上〜1.5％以下	50,000以下／ml
③	8.0％以上	3.0％以上	50,000以下／ml
④	8.0％以上	0.5％未満	50,000以下／ml
⑤	8.0％以上	—	50,000以下／ml

選択科目（食品）

11 □□□

温度により甘味度が変化する甘味料があるが、常温（20℃）から5℃に温度を下げたとき、甘味度が大きく上がる甘味料の成分として、最も適切なものを選びなさい。
①果糖
②ブドウ糖
③麦芽糖
④ショ糖
⑤ソルビトール

12 □□□

摂取してもほとんどエネルギーにならないが、消化管の働きを助ける食物として、最も適切なものを選びなさい。
①牛乳
②焼き芋
③ポテトチップス
④こんにゃく
⑤うどん

13 □□□

大豆を発芽させてもやしになることにより、含有量が増大する栄養素として、最も適切なものを選びなさい。
①ビタミンB群
②ビタミンC
③ナトリウム
④カロテン
⑤セルロース

14 □□□

　青梅の果肉や種子に含まれるシアン化合物として、最も適切なものを選びなさい。
　　①アントシアニン
　　②ザワークラウト
　　③アミグダリン
　　④カンピロバクタージェジュニ
　　⑤エンテロトキシン

15 □□□

　食品中の脂肪酸の特徴として、最も適切なものを選びなさい。
　　①油脂を構成する脂肪酸は、すべて不飽和脂肪酸である。
　　②動物性油脂を構成する脂肪酸は、不飽和脂肪酸の含有率が高い。
　　③飽和脂肪酸の含有率が高い油脂は、液体であることが多い。
　　④不飽和脂肪酸は酸化しない。
　　⑤脂質を構成している脂肪酸の炭素原子数は偶数である。

16 □□□

　テンサイを原料に製造される食品として、最も適切なものを選びなさい。
　　①チーズ
　　②グラニュー糖
　　③みそ
　　④ビール
　　⑤ソーセージ

17 □□□

　植物から採油され、安価で色やにおいが少ない液体油で、サラダ油のほかマヨネーズやマーガリンの原料として利用されている油脂として、最も適切なものを選びなさい。
　　①大豆油
　　②パーム油
　　③やし油
　　④オリーブ油
　　⑤ごま油

18 □□□

黄桃のシロップ漬け缶詰で、黄桃の剥皮(はくひ)処理に使用する薬品として、最も適切なものを選びなさい。
   ①硫黄
   ②0.6%塩酸溶液
   ③6%塩酸溶液
   ④3%水酸化ナトリウム溶液
   ⑤30%水酸化ナトリウム溶液

19 □□□

野菜や果物を加工するときに熱湯や水蒸気で原料を加熱処理し、ある作用を止め、変質の防止を行う。ある作用に該当するものとして、最も適切なものを選びなさい。
   ①蒸発
   ②脱水
   ③酵素
   ④冷凍
   ⑤乾燥

20 □□□

果実をポリエチレン袋に入れ、果実の呼吸により、袋内のO_2濃度を下げ、CO_2濃度を上げて、保存期間を延長する方法として、最も適切なものを選びなさい。
   ①ガス置換包装
   ②真空包装
   ③無菌包装
   ④シュリンク包装
   ⑤MA包装

21 □□□

食品添加物の使用方法について、最も適切なものを選びなさい。
　①小麦粉からスポンジケーキをつくるため、製造用材（塩化マグネシウム）を使用した。
　②レモンを輸送する際、かびの発生を防止するため、増粘剤（アルギン酸）を使用した。
　③油脂類の酸化による変敗を防ぐため、保存料（安息香酸ナトリウム）を使用した。
　④ビスケットをつくるため、膨張剤（炭酸水素ナトリウム）を使用した。
　⑤木綿豆腐をつくるため、製造用材（水酸化カルシウム）を使用した。

22 □□□

α化米の説明として、最も適切なものを選びなさい。
　①調理した米飯を気密性のある容器に入れ、加圧・加熱殺菌したもので、保存性がよい。
　②水を加えれば、加熱しなくても食べることができ、登山などでの携帯食として便利である。
　③炊飯後に高温殺菌処理していないので、栄養素や風味などの品質が保持される。
　④水でこねても粘りが出にくく独特の歯ごたえがあり、柏餅・団子などに加工される。
　⑤水でこねてから茹で上げ、白玉団子などに加工する。

23 □□□

　小麦粉からラーメンをつくるために添加する「かんすい」の成分として、最も適切なものを選びなさい。
　①水酸化ナトリウム
　②塩化ナトリウム
　③硫酸ナトリウム
　④チオ硫酸ナトリウム
　⑤炭酸ナトリウム

24 □□□

パンの原材料のうち、食塩の役割として、最も適切なものを選びなさい。
①酵母の栄養源になって発酵をさかんにする。
②外皮の色相・香りをよくする。
③パンの生地をひき締め、粘弾性を高める。
④パンに柔軟な材質感を与え、デンプンの老化を遅らせる。
⑤パンの水分蒸発を防ぎ、デンプンの老化を遅らせる。

25 □□□

次に示した工程で製造する製品として、最も適切なものを選びなさい。

原料 →「除こう」・「破砕」→「圧搾」→ 果汁・酵母 →「仕込み」・「発酵」→「おり引き」→「熟成」→「ろ過」・「清澄」→ 製品

①清酒
②ビール
③ワイン
④焼酎
⑤ウイスキー

26 □□□

牛乳の製造工程として、最も適切なものを選びなさい。
①検査・清浄化 → 殺菌 → 均質化 → 冷却 → 充てん
②検査・清浄化 → 冷却 → 均質化 → 殺菌 → 充てん
③検査・清浄化 → 均質化 → 充てん → 殺菌 → 冷却
④検査・清浄化 → 殺菌 → 冷却 → 均質化 → 充てん
⑤検査・清浄化 → 均質化 → 殺菌 → 冷却 → 充てん

27 □□□

牛乳をメスシリンダーに採り、測定器具をその中に入れ、読み取った値を換算表によって求めるものとして、最も適切なものを選びなさい。
①比重
②酸度
③脂肪
④乳糖
⑤pH

28 □□□

牛乳をあたためたとき、液面に生じるうすい被膜の原因物質として、最も適切なものを選びなさい。
①カゼイン
②ホエータンパク質
③レンネット
④ラクトース
⑤カルシウム

29 □□□

表面にペニシリウム属の白いかびを増殖させて熟成させ、内部は熟成が進むにつれてやわらかくなる白かびチーズとして、最も適切なものを選びなさい。
①エメンタールチーズ
②モッツァレラチーズ
③カマンベールチーズ
④ロックフォールチーズ
⑤チェダーチーズ

30 □□□

自然界にひろく分布し、卵白にはとくに多く含まれ、細菌の細胞壁を溶かす作用のある物質として、最も適切なものを選びなさい。
①リゾチーム
②ピータン
③レシチン
④カラザ
⑤エマルジョン

31 □□□

肉の加工の際、肉の保水性と結着性を高めるために加える材料として、最も適切なものを選びなさい。
①脂肪
②食塩
③コショウ
④硝素
⑤砂糖

32 □□□

豚肉加工品で、ばら肉を整形・塩蔵して長時間くん煙処理したものとして、最も適切なものを選びなさい。
①ボンレスハム
②骨付きハム
③ロースハム
④ベーコン
⑤ラックスハム

33 □□□

下記の図は鶏肉の部位を示している。A〜E の組み合わせとして、最も適切なものを選びなさい。

	A	B	C	D	E
①	ささみ	むね肉	もも肉	手羽さき	手羽もと
②	ささみ	むね肉	もも肉	手羽もと	手羽さき
③	むね肉	ささみ	もも肉	手羽さき	手羽もと
④	ささみ	もも肉	むね肉	手羽さき	手羽もと
⑤	もも肉	むね肉	ささみ	手羽さき	手羽もと

34 □□□

ポテトフラワーの製造工程として、最も適切なものを選びなさい。
①ジャガイモを水洗い・はく皮した後、蒸煮・裏ごしして粉末としたもの。
②ジャガイモを水洗い・はく皮した後、蒸煮・乾燥させて粉末としたもの。
③ジャガイモをスライスした後、油で揚げたもの。
④ジャガイモを水洗い・はく皮した後、熱湯処理し、細切り・油揚げ・冷凍したもの。
⑤サツマイモを蒸煮後、薄切りして乾燥させたもの。

$\boxed{35}$ ☐☐☐

「くん煙材」として、最も適切な組み合わせを選びなさい。
- ①サクラ ― ヒッコリーに似たよい香りをもつ。肉と魚全般に幅広く使用できる。
- ②リンゴ ― 性質はブナとよく似ていて、おもに魚介類に用いられる。
- ③ナラ ― 日本でいちばん多く使用される。香りが強く、とくに羊や豚肉に用いられる。
- ④クルミ ― 香りに甘味があり、上品な仕上がりになる。チーズや鶏肉に用いられる。
- ⑤ブナ ― タンニンが多く含まれ、色が付きやすく、渋味がある。魚介類に使用される。

$\boxed{36}$ ☐☐☐

みそ・しょうゆ・清酒などの製造で、用途に応じたアミラーゼやプロテアーゼなどを生成する菌株が利用される微生物として、最も適切なものを選びなさい。
- ①酪酸菌
- ②酢酸菌
- ③清酒酵母
- ④パン酵母
- ⑤麹菌

$\boxed{37}$ ☐☐☐

酒類の製造およびアルコール発酵の説明として、最も適切なものを選びなさい。
- ①果実を原料とするワイン製造は、果汁中の糖を直接発酵させることができないので、糖化と発酵を同時に進行させる並行複発酵法で行う。
- ②ビールは、麦芽中に存在するアミラーゼを利用して、あらかじめデンプンをブドウ糖や麦芽糖にまで分解してから発酵を行う単行複発酵法により製造される。
- ③清酒は、米のデンプンを直接発酵させる単発酵法により製造される。
- ④アルコール発酵とは、酵母が好気的な条件下で、みずからが生きるために行う反応である。
- ⑤アルコール発酵を行う酵母は、すべてアスペルギルス オリゼである。

38 □□□

しょうゆの製造工程の説明として、最も適切なものを選びなさい。
①ダイズを炒ることでデンプンの α 化、タンパク質の熱変性をおこす。
②コムギを蒸すためには十分な水分量が必要であり、熱水に浸漬する。
③ダイズとコムギの配合は、濃口しょうゆでは5：5または6：4である。
④麹と食塩水を1：10または1：12の割合で混合したものを仕込み水とする。
⑤発酵を遅らせるためかい入れをし、発酵熟成が進むにつれて、かい入れ回数を多くする。

39 □□□

水分活性の説明として、最も適切なものを選びなさい。
①食品中の自由水の割合を表す数値で、食品の保存性の指標とされる。
②食品の乾燥度合いを示す数値で、乾燥の指標とされる。
③食品の乾燥速度を示す数値で、乾燥終了までの指標とされる。
④乾燥食品の吸湿度合いを示す数値で、残存保存期間の指標とされる。
⑤食品中の結合水の割合を表す数値で、食品の保存性の指標とされる。

40 □□□

フグの食中毒の原因となる成分として、最も適切なものを選びなさい。
①アコニチン
②ムスカリン
③テトロドトキシン
④チャコニン
⑤ソラニン

41 □□□

毒素型食中毒のうち、調理従事者の手指・鼻腔などに付着した菌によっておこる食中毒の原因菌として、最も適切なものを選びなさい。
①サルモネラ
②腸炎ビブリオ
③病原大腸菌
④黄色ブドウ球菌
⑤カンピロバクター

42 □□□

「肝臓障害・肝臓がん」の要因となるかび毒の毒性として、最も適切なものを選びなさい。
①アフラトキシン
②オクラトキシン
③シトリニン
④デオキシニバレノール
⑤パツリン

43 □□□

食品中に残留する農薬、飼料添加物および動物用医薬品の規制にかかわるものとして、最も適切なものを選びなさい。
①農業生産工程管理
②国際標準化機構
③HACCP システム
④ポジティブリスト制度
⑤産業廃棄物管理票制度

44 □□□

牛肉や米、米加工品などについて、生産者を含めて流通にかかわったすべての事業者が特定できるように定めた法律として、最も適切なものを選びなさい。
①食品衛生法
②健康増進法
③トレーサビリティ法
④JAS 法
⑤食育基本法

45 □□□

日本食品標準成分表2020年版（八訂）の収載食品として、最も適切なものを選びなさい。

①食品群の分類および配列は、動物性食品、加工食品、植物性食品、きのこ類、藻類の順に並べている。

②原材料的食品は、生物の品種、生産条件などの要因により成分値に変動があるため、これらの変動要因に留意して選定した。

③加工食品は、原材料の配合割合、加工方法により成分値に幅はみられないので、入手しやすい食品を選定した。

④収載食品の分類は大分類、小分類の二段階とし、食品の大分類は原則として生物の名称をあてて五十音順に配列した。

⑤食品番号は3桁とし、初めの2桁は食品群にあて、次の1桁を小分類または細分にあてた。

46 □□□

栄養成分表示を行う際に義務づけられている5つの項目の組み合わせとして、最も適切なものを選びなさい。

①ミネラル、アミノ酸、ビタミン、食物繊維、カリウム

②エネルギー、アミノ酸、ビタミン、食物繊維、カリウム

③エネルギー、タンパク質、ビタミン、炭水化物、ナトリウム

④ミネラル、タンパク質、脂質、炭水化物、ナトリウム

⑤エネルギー、タンパク質、脂質、炭水化物、ナトリウム

47 □□□

食品の消費期限の説明として、最も適切なものを選びなさい。

①安全に食べられる期限のことである。

②品質が変わらずにおいしく食べられる期限のことである。

③製造してから約3か月間保存できる製品に表示される。

④スナック菓子など焼き菓子に表示される。

⑤食中毒の心配がない保存期限である。

48 □□□

加工食品の表示として、最も適切なものを選びなさい。
①名称は、その商品の特徴を表す商品名を表示している。
②添加物は、原材料名の欄に原材料名と明確に区分して表示されていることもある。
③内容量は、グラム単位を明記して表示されている。
④製造所は、製造工場の住所と電話番号が表示されている。
⑤賞味期限は、商品が売り切れる期間を考慮して決める。

49 □□□

冷却装置のしくみとして、最も適切なものを選びなさい。
①冷却の原理は、液体が固化するとき多量の熱を奪うことにある。
②圧縮機・凝縮器・膨張弁・蒸発器から構成される。
③PCBやメタンなどの冷媒を使用する。
④冷凍機の高圧側は高温・高圧の液体で、熱を吸収する。
⑤冷凍機の低圧側は低温の気体で、冷媒が熱を放出する。

50 □□□

食品製造の実践におけるマニュアル作成の手順・内容として、最も適切なものを選びなさい。
①実際の作業では困難であっても、理想の作業体系を記述する。
②問題のある作業・行動・管理・基準・チェック方法でも、一度決めたら変更しない。
③温度・時間・質量・長さ・速度などは作業者の感覚で判断する。
④異常発生時の処置方法・連絡方法は具体的に明記する。
⑤使用目的にかかわらず文章で詳細に記述する。

編集協力

荒畑　直希

木之下明弘

佐々木正剛

佐瀬　善浩

佐藤　　崇

高橋　和彦

中井　俊明　他

2023年版
日本農業技術検定
過去問題集　2級

令和5年4月　発行

定価1,100円（本体1,000円＋税10%）
送料別

編　　　日本農業技術検定協会
　　　　事務局　一般社団法人 全国農業会議所
発行　　一般社団法人 全国農業会議所
　　　　全国農業委員会ネットワーク機構

〒102-0084　東京都千代田区二番町9-8
中央労働基準協会ビル
TEL　03(6910)1131

全国農業図書コード番号　R05-02

2023年版
日本農業技術検定
過去問題集　2級

解答・解説編

2022年度第1回日本農業技術検定2級試験問題正答表

共通問題［農業一般］

設問	解答
1	②
2	④
3	③
4	⑤
5	④
6	②
7	⑤
8	④
9	①
10	③

選択科目［作物］［野菜］［花き］［果樹］［畜産］［食品］

設問	解答	解答	解答	解答	解答	解答
11	①	④	①	④	③	②
12	⑤	⑤	③	①	②	④
13	④	①	②	③	①	③
14	②	②	③	①	①	②
15	⑤	③	①	②	⑤	⑤
16	②	①	④	⑤	③	②
17	⑤	②	④	①	②	⑤
18	④	③	①	②	④	②
19	③	③	④	④	③	⑤
20	②	⑤	②	③	①	③
21	④	③	③	②	④	①
22	⑤	④	⑤	①	③	④
23	④	①	④	⑤	③	①
24	②	③	④	④	①	③
25	④	④	⑤	③	⑤	②
26	②	⑤	①	②	④	③
27	⑤	①	④	⑤	②	①
28	③	②	④	⑤	③	③
29	①	④	⑤	③	④	②
30	②	⑤	①	④	②	③
31	④	②	④	①	①	④
32	③	②	④	③	②	①
33	②	③	②	④	③	③
34	①	①	③	③	⑤	⑤
35	⑤	⑤	①	⑤	②	②
36	④	③	③	②	④	②
37	①	⑤	④	③	⑤	③
38	②	④	①	②	③	②
39	④	②	⑤	③	①	③
40	③	①	③	④	②	①
41	①	②	②	③	④	⑤
42	②	④	③	④	⑤	①
43	④	①	①	⑤	②	①
44	④	④	⑤	③	③	③
45	③	③	①	④	③	⑤
46	⑤	②	③	①	②	③
47	①	①	⑤	⑤	③	②
48	④	⑤	⑤	①	④	⑤
49	⑤	④	②	①	③	②
50	③	②	②	④	②	⑤

2022年度第2回日本農業技術検定2級試験問題正答表

共通問題［農業一般］

設問	解答
1	⑤
2	④
3	②
4	③
5	⑤
6	①
7	②
8	③
9	①
10	②

選択科目［作物］［野菜］［花き］［果樹］［畜産］［食品］

設問	解答	解答	解答	解答	解答	解答
11	②	⑤	②	②	④	①
12	③	③	①	④	②	④
13	④	④	④	②	④	②
14	③	⑤	①	④	①	③
15	⑤	③	③	④	②	⑤
16	②	③	②	①	③	②
17	③	②	③	②	①	①
18	④	④	④	③	⑤	④
19	①	②	⑤	④	③	③
20	⑤	⑤	③	③	③	⑤
21	⑤	①	④	①	⑤	④
22	①	①	①	①	②	②
23	②	⑤	④	④	①	⑤
24	④	③	②	④	⑤	③
25	②	③	④	③	③	③
26	③	④	④	②	①	⑤
27	③	①	③	②	④	①
28	①	⑤	①	④	②	②
29	④	③	①	①	⑤	③
30	④	③	④	⑤	④	③
31	①	③	②	⑤	④	②
32	③	⑤	⑤	②	⑤	④
33	④	③	③	③	⑤	①
34	⑤	②	③	①	①	②
35	③	③	①	①	②	⑤
36	①	②	③	③	②	⑤
37	②	⑤	②	⑤	④	②
38	⑤	⑤	③	④	④	③
39	⑤	①	③	③	③	①
40	⑤	④	②	③	②	③
41	④	④	①	⑤	③	④
42	④	①	④	⑤	⑤	①
43	②	④	④	④	④	④
44	③	③	②	②	②	②
45	④	②	①	④	①	②
46	⑤	③	②	③	②	⑤
47	②	②	⑤	③	⑤	①
48	②	②	⑤	①	③	②
49	①	③	③	⑤	①	②
50	③	③	⑤	④	③	④

2022年度 第1回 日本農業技術検定2級 解説

（難易度）★：やさしい、★★：ふつう、★★★：やや難

共通問題［農業一般］

1 解答▶② ★★
　畑作物の直接支払交付金（ゲタ対策）は、諸外国との生産条件の格差から生じる不利がある畑作物（麦、大豆、テンサイ、でん粉原料用バレイショ、ソバ、ナタネ）を生産する農業者に対して、標準的な生産費と標準的な販売価格の差に相当する額を直接交付するもの。支援の対象となる農業者は、認定農業者、集落営農、認定新規就農者である。

2 解答▶④ ★★★
　タマネギは約23万4千tで最も輸入量が多い。①約9万2千t、②約1万4千t、③約4万7千t、⑤約8千tとなっている。タマネギは、加工原料用や業務用で多く使われている。

3 解答▶③ ★★★
　①食品安全性の確保について基本的な考え方を定めた法律。②消費者の権利を明記し、消費者政策の基本的な考え方を定めた法律。④適正な表示のあり方について規定した法律。⑤直罰規定があり、表示違反の捜査の根拠となる法律。2018年に、食を取り巻く環境の変化や国際化に対応するために大規模な改正がなされた。

4 解答▶⑤ ★★★
　Aは農業利潤、Bは農企業利潤、Cは農業生産費、Eは農業経営費である。農業所得は、家族労働費をはじめ、自作地地代や自己資本利子、

および農企業利潤に相当するものも含むと考えることができるため、混合所得といわれる。

5 解答▶④ ★★★
　④農協・信金等の民間金融機関が融資する最も一般的な長期資金であり、①②③⑤民間金融機関では十分な対応ができない場合に、日本政策金融公庫等が融資する長期資金である。また、認定農業者に対しては国や市町村による利子助成が行われている。

6 解答▶② ★★
　農業の分野以外でも一般化されて用いられており、生産要素（土地、資本、労働）のうちの1生産要素のみを増加するとき、その単位あたりの生産が漸減していくという法則である。収穫逓減の法則ともよばれる。

7 解答▶⑤ ★★★
　シカ（56.4億円）の農作物被害額が一番多く、イノシシ（45.5億円）、鳥類（30.2億円）、サル（8.6億円）、クマ（4.6億円）の順に被害が大きい。野生鳥獣被害防止のため、鳥獣被害防止特措法に基づき、2020年4月末時点で1,502市町村が鳥獣被害防止計画を策定している。また、森林の被害も、シカによる枝葉の食害や剥皮被害が全体の約7割を占めている。

8 解答▶④ ★★
　種苗法とは、新品種の保護のための「品種登録制度」と種苗の適正な流通を確保するための「指定種苗制

度」について定め、品種の育成の振興と種苗の流通の適正化を図ることで、農林水産業の発展に寄与することを目的としている。主な改正点は、国内の栽培地域の指定、登録品種の自家増殖は許諾に基づき行う、登録品種の表示の義務化、である。

9　解答▶①　★★★

この制度は、平成26年に成立した「特定農林水産物等の名称の保護に関する法律」に基づき運用されている。2020年度は新たに12品が登録され、計106産品が登録されている。この制度では、公表された明細書（産地、特性、生産の方法等を記載した書類）の基準を満たす産品のみにGIを使用することができ、GIの不正使用については、行政が取り締まりを行っている。

10　解答▶③　★★★

農作業中の事故による死亡者数は令和元（2019）年で281人、農業就業人口10万人当たりの死亡者数は16.7人と上昇傾向にあり、全産業の1.3人、建設業の5.4人との差は拡大している。このため、要因の約7割を占める農業機械作業において、安全フレームの追加整備やヘルメット等の装着、日常や定期的な点検整備等とあわせて、農作業事故の未然防止にも寄与するGAPの普及推進の取り組みが進められている。①は日本農林規格で農林物資の規格化等に関する法律に基づく農林水産物及びその加工品の品質保証の規格。②は一般社団法人食品安全マネジメント協会が策定した日本発の食品安全管理に関する認証規格。④は環太平洋パートナーシップ協定（国際協定）。⑤は危害要因分析及び重要管理点で食品の製造・加工の工程に係る衛生管理システム。

選択科目［作物］

11　解答▶①　★

②葉鞘は葉や穂を保護する葉であるが、量的には少ないが光合成を行う。③機動細胞は水不足の時に葉身を巻き蒸散を防ぐ役割がある。④光合成産物は師管を通して茎や根に送られる。⑤イネはケイ酸を吸収することで、葉茎の表皮にガラスのような膜をつくり、植物体を覆う。

12　解答▶⑤　★★

①③イネの生育には、気温と水温の両方が影響を与える。苗～幼穂分化期頃までは水温が、出穂直前は水温と気温の両方が、出穂後（登熟期）以降は気温が大きな影響を与えるとされている。②イネの生育において、最も低温に敏感な時期は、育苗期と幼穂分化期頃である。④白未熟米の発生は登熟期の気温が高い年に発生しやすい。

13　解答▶④　★★★

①イネの一生のなかで、最もかんがい水を必要とする時期は、移植後～活着までと穂ばらみ期～糊熟期頃である。②移植後は苗が水没しない程度に深水とし、活着をうながす。③中干しは幼穂分化期の15～10日前頃から1週間程度行う。⑤高温障害を回避・軽減するためには、かけ流しかんがいを行う。

14　解答▶②　★★

①塩水選の比重はうるち種1.13、もち種1.08である。③比重の調整は食塩のほか、硫安を用いることもある。④沈んだもみを用いる。⑤塩水選は充実した種の選抜と病気感染もみの除去であるが、病害虫防除は別に行う。

15　解答▶⑤　★★

①出芽直後は遮光し直射日光を避ける。②育苗の前半は保温し、後半

はやや低い温度で管理し、環境に順化させる。③出芽の鞘葉の長さは1cm程度である。④苗立枯病は土壌伝染性の病気である。

16　解答▶②　★★

苗は、移植するときの葉齢で4期に分類されており、①は乳苗、③中苗（または成苗）、④は中苗、⑤は成苗の説明である。

17　解答▶⑤　★★★

①～④は苗立枯れ病の発生要件である。蒸れ苗は硬化初期から発生し始める生理障害で、⑤の発生環境下で発生が多い。葉が急に巻き、灰色から黄褐色に変わる。地ぎわは腐らずに緑色を保ち、引っ張っても根本で切れたりしない。伝染性はなく拡大の心配はないが、発生環境下では広範囲で発生する。

18　解答▶④　★★

①側条施肥はイネ株の脇の下層に施肥する。②全層施肥は耕起前の水田に散布し、下層と混和する施肥法。③リン酸は全量基肥、窒素とカリは基肥と追肥で施用することが多い。⑤速効性肥料は基肥にも使用する。どの肥料成分をどういったタイミングで作物に効かせたいのかを判断して肥料の種類を選択することが重要となる。

19　解答▶③　★★

分げつ数は品種による違いが大きいが、同じ品種でも苗の素質や栽培環境によっても大きく異なる。分げつのもとである分げつ芽は節の葉えきの部分に栽培条件に関わりなく形成されるが、疎植、多窒素、浅水、強日射などの条件下では分げつ数が多くなる。

20　解答▶②　★★★

①床土の代替は出来ない。②倒伏軽減や登熟促進効果が期待できるが、施用時期は出穂30日前頃が適し

ている。④ケイ酸施用により、葉が立気味になり、受光態勢が良くなり、登熟向上が期待できる。⑤ケイ化細胞を形成し、病害軽減効果が期待できる。

21　解答▶④　★★

①穂軸の先端から約3分の2まで黄化し基部には緑色が残っている頃が適期とされる。②刈り遅れは茶米が多くなる。③通常の範囲で登熟が進んでも、もみの乾燥が進んでしまうことはなく、粒重は増す。⑤仕上げ水分は14～15％である。

22　解答▶⑤　★★★

①ごま葉枯れ病は糸状菌による。土壌消毒、温度や水管理に注意が必要。②いもち病は糸状菌による。栽培環境の適正管理と抵抗性品種の使用、薬剤散布が必要。③紋枯病は糸状菌による。窒素肥料の制限や落水、薬剤散布が必要。④白葉枯れ病は細菌による。抵抗性品種の使用や薬剤散布が必要。

23　解答▶④　★★

①水田の均平が不十分だと浅植え、浮き苗の原因となり、浅植えや浮き苗の状態では苗の根が直接薬剤に触れるため、薬害の原因となる。②砂土はしょく土より除草剤の薬害が出やすい。③除草剤処理後の止め水は7日間以上。⑤秋冬の耕起により、多年生雑草を枯死させることができる。

24　解答▶②　★★★

写真はカヤツリグサ科のミズガヤツリである。塊茎で増殖する多年生草本である。①オモダカ科の多年草で種子と塊茎から発芽する。③ミズアオイ科の一年生雑草で地下茎などは持たない。④イネ科ヒエ属の一年生水田雑草。一発処理剤で一般に防除される。⑤カヤツリグサ科の多年生雑草。塊茎を持つ難防除雑草であ

る。

25　解答▶④　★★

タニシと近縁のリンゴガイ科の貝。①田植え後は浅水管理にすると食害を減らすことができる。②③低温に弱く、冬期の耕耘（うん）や用排水路の清掃は駆除に効果的。⑤ナメクジ類やカタツムリに効果がある、パダン粒剤（カルタップ）やスクミン（メタアルデヒド）等の殺虫剤は効果がある。

26　解答▶②　★★

①３年産の水田における水稲作付面積は156万 ha、うち飼料用米の作付面積は約12万 ha（８％）程度、③米粉用米の作付面積は0.8万 ha で飼料用米の方が多い。④飼料用米の作付面積が多い産地は、栃木県（12.5千 ha）、茨城県（11.8千 ha）、福島県（10.0千 ha）。⑤一般的な品種の作付けが約６割を占め、多収品種の作付けは４割程度である。

27　解答▶⑤　★★

①脂質は玄米に３％、精米に１％程度含まれており、酸化しやすく食味とも関係する。②玄米水分は14～15％が適切で、低すぎると食味を落とし、高すぎると貯蔵性が劣る。③整粒歩合やとう精歩合が低いと炊飯特性が悪く食味が劣る。④タンパク質は７％程度含まれており、低いほうが美味しい。⑤アミロースの割合は16～20％程度がよく、高いとぱさぱさした食感になる。

28　解答▶③　★★★

①ビール大麦は２条オオムギである。②オートミールの原料はエンバクである。④日本で栽培されているコムギの大部分はめん用コムギである。⑤デュラムコムギはマカロニやスパゲッティの原料である。

29　解答▶①　★★

土壌のやせ地、酸性、乾湿に対してオオムギはコムギより弱い。出穂が遅く収穫適期はオオムギの方が早い。

30　解答▶②　★

①穂の高さ・大きさが良くそろい、③初期に発生した１次分げつがそろって良く生育しており、遅れて出た分げつの生育は押さえられている。④倒伏しにくく、稈の下位節間が伸びすぎない。⑤穂が大きく、稈が太く、上位数節の葉が長大となっている。などの見分けによって収穫指数の高さを診断することができる。

31　解答▶④　★★

ムギ類の乳熟期頃から穂に発生し、穂の一部または全部を枯死させる。病斑部には桃色のカビがみられ、のちに黒色の小粒（子のう殻）を生じる。①②③は、穂に写真のような症状は現れることはなく、顕微鏡写真で写真のようなものは観られない。⑤の病徴は穂で見られ、黒色の穂が出穂する。

32　解答▶③　★★★

①葉の黄化症状は発病茎の９割以上で発生する。②種子消毒は一定の効果が認められ、更に降雪地帯では根雪前に茎葉散布することで防除効果が高まる。④遅まきや浅まきは発病を助長する。⑤病原菌はかびの仲間 *Tilletia controversa*

33　解答▶②　★★

①②④トウモロコシの生育には、一般的には葉面積指数が６程度の状態が良いとされ、生食用品種では子実の充実をよくして品質を高めるためにやや低い葉面積指数、青刈り・サイレージ用品種では地上部全体を利用するため高い葉面積指数で管理することが望ましい。③過繁茂にな

ると、光が植物体全体に行き渡らないため、茎が細くなり、倒伏しやすくなる。⑤トウモロコシの植物体重量が最大となるのは絹糸抽出後10日目頃である。

34 解答▶① ★

写真はトウモロコシの茎を食害するアワノメイガの幼虫である。害を受けた雄穂は枯れて折れ曲がる。対策として、雄穂が見え始めた頃、薬剤散布をする。被害が出た穂は取り除く。

35 解答▶⑤ ★★★

①子葉と初生葉は対生で、単葉である。次の葉（第1本葉）から複葉になる。②第1本葉の展開時期に根粒ができ、根粒はつくられた5～7日後から窒素を固定する。これは、播種後2～3週間たってからのことである。③子葉は地上に出現する。④花芽は葉えきに形成される。

36 解答▶④ ★★

①発芽は10～35℃で良好だが低温では日数がかかり、適温は30～35℃である。②日本の品種はほとんどが有限伸育型である。③中耕は除草、地力窒素の発現促進、排水促進の効果、土寄せ（培土）は倒伏防止、不定根発生による養分吸収の促進等がある。⑤ダイズは直根であるが、ポット育苗等、根を傷めないように移植すれば、移植栽培は可能である。鳥害防止や低温時の発芽促進等に効果がある。

37 解答▶① ★★★

②は紫斑病、③はべと病、④は立枯性病害、⑤はわい化病の症状である。モザイク病の対策として、抵抗性品種の利用やアブラムシ類の防除、被害株を早期に抜き取るなどがあげられる。

38 解答▶② ★★★

高密度ほ場では7月中旬以降に、

生育が抑制され草丈が低く茎葉が黄化する症状が現れる。通常パッチ状に発生することが多い。①④⑤茎葉は黄変しない。③茎葉が黄変することはまれである。

39 解答▶④ ★★★

原料ダイズが高炭水化物で給水率が高く、糖類、アミノ酸含有率が高い。また、蒸煮ダイズはやわらかく甘みがあり、こうした特性が納豆の用途に適している。①②③は豆腐用、⑤は煮豆用に適している。

40 解答▶③ ★★

種いもの切断は、芽の数をそろえるために頂部と基部を結ぶ線で縦割りとする。①いもち病はイネがカビであるイネいもち病菌に感染して発病するもので、ジャガイモでは発生しない。②種いもは40～60gがよい。切断せずにそのまま定植するとほう芽茎が多くなり、いもの数は増えるが小さいいもとなり、結果的に品質・収量が低下する。④培土は1～2回行い、2回目は花のツボミがついた頃に追肥と同時に行う。⑤複数の芽が出た時期に強健な茎を2～3本残して除茎すると、イモが大きく育って収穫量も向上する。

41 解答▶① ★

②コガネムシ目ハムシ科の甲虫で成虫は葉を、幼虫は塊茎を食害する。北海道で主に発生する。③幼虫および成虫が根に寄生し、養分を奪われて生育が抑制され、大幅な減収になることがある。④キバガ科。幼虫が葉や塊茎を食害する。多発時には茎葉が黄化し、生育が抑制される。⑤コメツキムシ科。成虫は加害しないが幼虫が塊茎に侵入して食害する。

42 解答▶② ★

①えき病菌は罹病塊茎中で越冬し、ほう芽後20～30日目ころまでに地上部に移行して一次発生源とな

る。③ジャガイモの健強な育成を確保するため適肥とし，窒素の多施用を避ける。④罹病塊茎から地上部に移行，植物体に病はんやかびが密生，降雨により，菌が地下部に流出して塊茎を腐敗させる。⑤抵抗性品種といえども新レースの出現によって罹病化することがあるので注意する。

43　解答▶④　★

①生産量の最も多い順は鹿児島県，茨城県，千葉県である（2019年）。②窒素施肥が多いと過繁茂（つるぼけ）になる。③生食が最も多く，次いで醸造用。⑤中国の生産量が最も多い。

44　解答▶④　★★★

形成層の細胞分裂があまりさかんではなく，中心柱の木化程度が大きい場合，不定根は細根となる。形成層の細胞分裂がさかんで，中心柱の木化程度が大きい場合，不定根は鉛筆の太さほどの梗根に，また，形成層の細胞分裂がさかんで，中心柱の木化程度が小さい場合，不定根は塊根となる。

45　解答▶③　★★

①④⑤病原菌は糸状菌類で，適温28℃比較的高温を好み，ヒルガオ科のみ感染し，おもにサツマイモに被害を及ぼす。②種いも，苗，水，空気から接触伝染する。

46　解答▶⑤　★★

ほ場50a に施す窒素成分は 8 kg×（50a ÷10a）＝40kg。複合肥料の窒素成分は 8 ％なので，複合肥料は40kg÷0.08＝500kgを施用する。

47　解答▶①　★

写真はポテトハーベスタである。ポテトハーベスタには，エレベータ形掘取機の搬送部にイモを入れるタンクを取り付けたタンカー形，スピンナ形掘取機にかご形エレベータ，選別台，補助者台を取り付けたステ

ージ形，掘り取りながら伴走車に直接いもを積み込むアンローダ形がある。写真はステージ形。

48　解答▶④　★

①自脱型コンバインは公道を走ることが法律で規制されている。②高性能（スマート）コンバインは，収穫作業をしながら，収穫量，籾水分やタンパク含量（食味）を計測可能な機能を備えており，乾燥作業の効率化や翌年の施肥設計に役立てることができる。③収穫作業中に計測できるが食味計を兼ねるまでの機能は現状では備えていない。⑤操作が楽で直進性が保たれるため作業者のストレスは軽減される。

49　解答▶⑤　★★

水位センサーは水田の見回り作業を省力化出来ると共に，台風等気象災害時の見回りによる事故を回避できる可能性が高い。①毎日見回りする必要はない。②有線もしくは無線通信を利用するシステムが多いため，通信網の整備が必要。③田面を均平化することは必須。④除草剤の効果や深水灌（かん）がいによる冷害回避に有効な情報になる。

50　解答▶③　★★

IPM 防除は総合的病害虫管理ともいい，薬剤の使用を必要最低限におさえ，環境に配慮し，安全な収穫物を得るための作物保護の手法である。①は害虫防除を行ったにもかかわらず，防除を行わなかった場所よりも害虫の個体数や被害が大きくなることである。②農薬等を使用した防除法である。④天敵などの利用による防除法である。⑤田畑の衛生管理やマルチングなどによって防除する方法である。

選択科目〔野菜〕

11 解答▶④ ★★★
指定野菜は、日本国内において生産量の多い野菜を国が定めたものである。

キュウリ、トマト、ナス、ピーマン、キャベツ、ハクサイ、レタス、ホウレンソウ、ネギ、タマネギ、ダイコン、ニンジン、サトイモ、ジャガイモの14種が選定されている。また、これに準ずる35種を特定野菜に選定している。

12 解答▶⑤ ★
キュウリはウリ科で、同じ科のカボチャの種が⑤である。①ナス（ナス科）、②スイートコーン（イネ科）、③レタス（キク科）、④ブロッコリー（アブラナ科）の種子の写真である。

13 解答▶① ★
①はイチゴ（バラ科）、②ジャガイモ（ナス科）、③トマト（ナス科）、④ネギ（ヒガンバナ科）、⑤ダイコン（アブラナ科）である。

14 解答▶② ★
①生育期間の大部分が加温を必要とする。③保温を主とする半促成栽培より遅い作型。④夏期の冷涼や暖秋を利用した作型で露地抑制とハウス抑制がある。⑤自然の気象条件下で栽培する作型で、被覆は雨よけなど保・加温以外が目的となる。

15 解答▶③ ★★★
チャック・窓開き果の発生ステージは花器の形成過程による。最も懸念される要因として、①は「放射状裂果」、②は「尻腐れ果」、④は「日焼け果」、⑤は「すじ腐れ果」の発生する環境要因を示している。

16 解答▶① ★★
空洞果は果実のゼリー状物質が充実しないで、ピーマンのように空洞になる。②はしり腐れ果、③は裂果、

④は乱形果、⑤はすじ腐れ果の説明である。

17 解答▶② ★★
①②③キュウリ果実の白い粉はブルームと呼ばれ、おもな成分はケイ素である。④ブルームのない光沢のある果実はブルームレスキュウリと呼ばれる。⑤品種や台木によりブルームの有無が変わる。

18 解答▶③ ★★★
①窒素は全体的な葉の黄化、②リン酸は黄化して枯死または暗緑化、④カルシウムは植物体内で動きにくいため新葉に障害がみられ、⑤マグネシウムは中～下位葉の葉縁や葉脈間の黄化が特徴で、果実肥大への影響はみられない

19 解答▶③ ★★
①べと病は多犯性の病害で、タマネギ、ネギ、ホウレンソウのほか、花き・果樹類にも発生する。②温度は20～25℃の多湿条件で発生の危険が増す。④べと病は葉のみに発生する。⑤病原菌は糸状菌（かび）である。

20 解答▶⑤ ★★
写真は長花柱花である。花の色も濃く、大きく開いている。めしべよりおしべが短い（短花柱花）ナスの花は、花粉がつきにくいので、うまく着果しない。

21 解答▶③ ★★★
チャノホコリダニによる被害には、葉の縁が内側に曲がり、穴があく。新芽が萎縮して芯止まりになる。ガク全体に傷がつき灰褐色化する、などの特徴がみられる。

害虫は、名前の由来である「ホコリ」のように微小で、肉眼では判別しにくい。

22 解答▶④ ★★★
ニジュウヤホシテントウは、葉の裏側から表皮と葉脈だけを残してな

めるように摂食するため、食害された葉には特有の網目模様が残る。

23 解答▶① ★★★
　②はボトニング、③はリーフィー、④はブラウンビーズ、⑤はアントシアニンの発生要因。

24 解答▶③ ★★★
　レタスの生育適温は15〜20℃である。①土壌水分が不足すると葉の生育が悪くなり結球が抑えられる。②土壌 pH が5.0以下になると生育が悪くなる。④26℃以上の高温では発芽しにくい。⑤根は浅根性で乾燥に弱い。

25 解答▶④ ★★★
　①播種から短期間で収穫できるので輪作にとり入れやすい。②酸性土壌では生育しにくく、pH5.5以下では著しく生育が悪くなる。③雌雄異株である。⑤長日植物で13〜16時間以上の日長になると花芽分化する。

26 解答▶⑤ ★★★
　①胚軸も食用とするが側根は発生しない。②三浦ダイコンは耕土の深い火山灰土で根部が発達する大型の品種である。③4℃以下では根の肥大は停滞する。④主に木部が発達し師部はほとんど発達しない。

27 解答▶① ★★★
　①このことを「脱春化」といい、春まき栽培ではトンネル被覆をして日中の高温により春化を打ち消すことに応用されている。②⑤吸水した種子のときから、全期間に低温に感応して花芽分化する種子春化型である。③12℃以下の低温が続くと花芽分化する。④花芽分化後は高温・長日になると抽苔・開花する。

28 解答▶② ★★
　ニンジンは種子の発芽率が50〜70％と低いため厚まきとし、弱い光に当たった方が発芽はよくなる好光性種子のため、覆土は薄くして発芽を促す。また、吸水性の良いデンプンや粘土などで、球形にコーティング加工し播種機械による1粒播きに対応したコート種子の利用も増えている。

29 解答▶④ ★★
　キャベツ根こぶ病の主な発生要因は、連作による病原菌密度の増加であり、著しい収量の低下を招く。また発病確認後の防除は困難である。
　このため、発生を予防する手段として、④のように土壌のpHをアルカリ性に保ち、排水を良くして連作を避け、抵抗性品種を用いる。

30 解答▶⑤ ★★
　ハクサイは、特に夜温が高いと葉が縦に長くなり葉球の締まりが悪くなる傾向がある。①種子が吸水した直後から一定期間の低温に感応して花芽を分化する種子春化型である。②花芽は温暖・長日の環境下で発育が促進され、やがて抽苔する。③根が地中深く分布するため、乾燥に強い。④冷涼な気候を好み、耐暑性は生育ステージによって変わり、生育前半は比較的高いが、結球期以降は低くなる。

31 解答▶② ★★
　①ランナーは12時間以上の長日と17℃以上の高温でよく発生する。また、③多湿を好み、水分が多いほうが生育がよい。④根は浅根性であり、砂質土や火山灰土は栽培しにくい。⑤花芽分化期よりもさらに低温・短日になると休眠に入る。

32 解答▶② ★
　イチゴ栽培で最も労力がかかるのが、収穫作業である。地床栽培の収穫作業は腰をかがめる時間が多くなり労力負担が大きい。高設栽培は立ったまま収穫でき、労働負担が軽減でき、イチゴの高設栽培が増加の傾向にある。また、栽培の培地がそ

の地域の土壌と隔離されているため、調合により安定した生産が可能となる。培地交換による連作障害、塩類集積にも柔軟に対応が可能であるが、施設費やランニングコストが高くなるデメリットも含まれている。

33 解答▶③ ★★
炭そ病は糸状菌の一種で、子のう菌類に属する病原菌によって引き起こされる。①育苗期からの対策が重要である。②病原菌の発育適温は28℃前後で、低温期の発生は少ない。④空気伝染はせず、降雨やかん水は胞子を飛散させ伝染を助長する。⑤アブラムシによる伝染はない。

34 解答▶① ★★
タマネギはヒガンバナ科ネギ属の越年性草本である。生育後半には球根状のりん茎を有し、高温時には休眠する性質を持つ。①②タマネギの生育適温は15〜20℃で比較的冷涼な気候を好み、耐寒性は強いが、平均気温が10℃以下では生育しない。③④⑤根は浅根性で乾燥に弱く、吸肥力も弱い。

35 解答▶⑤ ★★★
タマネギは、ある大きさになってから低温に遭遇すると花芽分化するグリーンプラントバーナリゼーションタイプで、その後の高温、長日によって抽苔（ちゅうだい）する。

36 解答▶③ ★★★
種子を薄い果皮が包んだ果実である。①雌雄異花で風媒花である。②雄穂が雌穂より先に開花する。⑤主流はウルトラスイート、スーパースイートなど高糖型スイート種である。④花粉の寿命は24時間以内で、絹糸の寿命は1〜2週間と長い。⑤現在の主流品種はsh2遺伝子をもつスーパースイート種である。

37 解答▶⑤ ★★★
スイートコーンは、「未成熟食用トウモロコシ」とも呼ばれ、完熟する前に子実を食用に供する。このため収穫時期の判定が、食味・品質に大きく影響する。①水分が減少しデンプンが増加する。②20〜25日頃である。③絹糸が褐色に枯れてから収穫する。④先端の粒が膨らんでから収穫する。⑤鮮度保持の点で早朝に収穫して、予冷出荷するとよい。

38 解答▶④ ★★★
東日本でのネギは、「根深ネギ」と呼ばれる土寄せによる軟白部を、主に可食部としている場合が多い。近年は光を通さないフィルムを利用した軟白栽培も開発されている。①軟白部は長くなっても、細くなり収量は上がらない。②太くはなるが軟白部は短い。回数は4回程度行う。③夏の高温期は根を傷めるので日中は避けたほうがよい。④M字型にして土を寄せた部分を崩れにくくする。⑤最終土寄せを除き、通常は葉身部と葉鞘部の分岐点の下までとする。

39 解答▶② ★★★
呼び接ぎは台木と穂木を近くには種し、台木、穂木ともに胚軸を途中まで削って接ぎ木を行う。①挿し接ぎは切断面に爪楊枝を指すように挿して行う。③胚軸で切断し、半分に切り裂いたところに、くさび状に胚軸を切除した穂木を切断するのが割り接ぎ。④切り接ぎは台木上端から側面を切り下げて現れる形成層断面の間に、基部を斜め鋭角に削った穂木を挿入する。⑤ピン継ぎは切断面の中心にピンを挿して台木と穂木をつなぎ合わせる。

40 解答▶① ★★
アールスメロンはつる割れ病予防対策として、バーネットヒルフェボ

リット、大井、エメラルドゼムなど
を台木として接ぎ木をする。

41 解答▶② ★★
　トンネル栽培では、親づるが本葉
5～6葉のときに摘芯して、子づる
3～4本仕立てとする。着果は、子
づる3本仕立てで1株1果、子づる
4本仕立で1株2果収穫が一般的で
ある。

42 解答▶④ ★★★
　栄養繁殖性の野菜では、親となる
栄養体がウイルスや細菌などの病気
にかかっていた場合、増殖した苗も
病害にかかり被害が拡大するため、
茎頂培養などの技術でウイルスに侵
されていないウイルスフリー苗を育
成して利用している。ウイルスフリ
ー苗は、生育がよく、形状がそろう
などの高品質、多収穫が期待でき、
イチゴ、ヤマイモ、サツマイモ、ニ
ンニクなどの野菜で利用されてい
る。

43 解答▶① ★★
　土壌中に塩類が集積した畑では、
吸肥力の強いソルダムやトウモロコ
シ、スーダングラスなどのイネ科植
物を作付けし、刈り取って茎葉を持
ち出すことで除塩効果がある。
　センチュウ等②の害虫防除効果も
認められるが、クリーニングクロッ
プの主目的は、土壌の除塩である。

44 解答▶④ ★★
　土壌還元消毒は、化学薬剤を使わ
ない環境に優しい土壌消毒法。具体
的には、土壌に有機物（米ぬかなど）
を混和後、ビニルで地表面を被覆
して十分に水分がある状態でハウス
を密閉し、20日間程度地温を30℃以
上に保ち、微生物を急激に増殖させ
て土壌を急激な還元状態にする方
法。多くの土壌病害虫は酸素を必要
とするため、死滅したり増殖が抑え
られる。①天候不順だと好適な処理

温度が維持できずに効果が不安定と
なる。②土壌を還元状態にすること
で土壌病害虫を死滅させる。③ふす
まや米ぬかなどを使い化学薬剤によ
る防除に比べて安価で安全に処理す
ることができる。④土壌を還元状態
にするには、湛水状態にすることが
重要であり、湛水状態が保てない圃
場では効果が期待できない。

45 解答▶③ ★★★
　③ポリエチレンフィルムは塩化ビ
ニルフィルムよりも赤外線を通しや
すく、保温性が劣る。①②安価で透
明度が高い塩化ビニルフィルムがト
ンネルやハウスの被覆資材として園
芸生産現場で長年使用されてきた
が、フィルムの汚れによる光透過率
の低下が早く、定期的な交換が必要。
④耐候性に優れているため10年以上
の連続使用が可能なものもある。⑤
90％以上の高い光透過率などの優れ
た特徴をもつ。

46 解答▶② ★★★
　物理的防除効果に加えて、赤色が
認識できないとされるスリップス類
の侵入阻止効果が期待できる資材と
して近年注目されている。

47 解答▶① ★★
　養液栽培の肥料濃度の簡易測定
は、ECメータで行う。ECメータは
養液の電気伝導度を測定し、肥料濃
度が濃いほど高い値を示す。②
CO_2メータは空気中の二酸化炭素を
測定し、ハウス内の二酸化炭素濃度
を適切に保つためなどに用いられ
る。③pHメータは水素イオン濃度
指数を測定する電子機器で、pH7
未満の土を酸性土、pH7を超える
土をアルカリ性土という。⑤テンシ
オメータ（pFメータ）は土壌水分
の吸引力を測定し、おもに畑作物の
かん水の目安や施設栽培の土壌水分
管理に利用される。

48　解答 ▶ ⑤　　　★★★
（一社）日本施設園芸協会「低コスト耐候性鉄骨ハウス施工マニュアル（風対策／雪対策）」に記載のとおり。

49　解答 ▶ ④　　　★
野菜の高品質安定生産を目的とする、環境制御型温室では二酸化炭素（CO_2）の施用が効果的である。①施設内は密閉空間のため、二酸化炭素が不足しやすく、二酸化炭素発生装置で人工的に施用することで野菜の生育・収量・品質向上につながる。②夜間は光合成が行われず、呼吸のみのため二酸化炭素濃度は高まる。③外気の流入が少なく、二酸化炭素が不足しやすいため二酸化炭素施与の効果が高い。⑤プロパンガス・灯油を燃焼させ使用しているほか、精製された二酸化炭素ボンベより供給される場合もある。

50　解答 ▶ ②　　　★
押しながら土に溝をつけ、その溝に種子を播き、土をかぶせ、鎮圧行うため、播種の一連の工程を完了できる播種機である。

選択科目［花き］

11　解答 ▶ ①　　　★★
②シクラメンは暗発芽種子なので覆土する。③プリムラは明発芽種子なので覆土しない。④スイートピーなどの硬実種子は水浸してから播くと発芽がスムーズである。発芽3条件は水・温度・酸素である。

12　解答 ▶ ③　　　★★★
インドール酢酸とナフタレン酢酸は発根を促す。ジベレリンは細胞の肥大や単為結果を促す。エチレンは老化を促す植物ホルモンである。

13　解答 ▶ ②　　　★★
①④は糸状菌、②はウイルス、③はキクモンサビダニ、⑤は細菌が原因で発生する病気。

14　解答 ▶ ③　　　★★★
四季咲き性ではないアジサイの花房は、発達した側枝の先端に1つ発生するため、十分に分枝させておき、花芽を着け始める時期までには十分な大きさにしておく必要がある。夏の摘心は翌期の開花を促すためのもの。①②は開花中のため不適切、④⑤は花芽分化後であり、せん定によって花芽を失うため不適切。

15　解答 ▶ ①　　　★★
シャコバサボテンは代表的な短日植物で、花芽分化のための限界日長は12時間前後である。自然開花期は11〜12月となるため、10月開花の促成栽培では、8月下旬から8時間日長となる短日処理を行う必要がある。②と④は花芽分化を阻害する温度帯で、③は限界日長を超える日長で花芽分化を抑制する。

16　解答 ▶ ④　　　★★
1L中に1g含有する液剤は1,000ppmの濃度である。1L中に6g含有する液剤は6,000ppmである。6,000ppmを30ppmに希釈す

るには200倍にすればよい。

17 解答 ▶ ④ ★★★
カーネーションの輸入量は約3.59億本に達する。次がキクの3.08億本（令和2年）。

18 解答 ▶ ① ★
②は二年草であり、5〜6月に播種する。③は宿根草である。多年草は個体として複数年にわたって生存する植物であり、宿根草も多年草に含まれる。

19 解答 ▶ ④ ★
写真はベゴニア センパフローレンスである。ベゴニア センパフローレンスは春から晩秋まで咲き続ける四季咲きで、開花期が長いために花壇苗としてよく使われるが、耐暑性、耐寒性が弱い。四季咲きベゴニアともいう。

20 解答 ▶ ② ★
写真はマリーゴールドである。キク科の非耐寒性一年草のため、暑さに強く寒さに弱いが、基本的に丈夫で育てやすいため、花壇苗としてよく用いられる。フレンチ系とアフリカン系、メキシカン系に分けられる。

21 解答 ▶ ③ ★★
園芸的分類ではチューリップは秋植え球根類に分類され、11月頃に植え付ける。3月下旬に咲く早生系から5月上旬に咲く晩生系まである。

22 解答 ▶ ⑤ ★
写真はラン科植物のファレノプシス（コチョウラン）である。ファレノプシスは多年生の着生植物で、東南アジアからインド、オーストラリアに自生し、樹上に着生して生育する。

23 解答 ▶ ④ ★
写真はハイドランジアで、①陰性植物である。②さし木による繁殖、③APG分類体系ではアジサイ科、④一般的に土壌酸度が低いと青、高

いと赤くなる傾向がある。⑤鑑賞の対象となるのは装飾花。

24 解答 ▶ ④ ★
シクラメンは地中海東部沿岸地方を原産地とするため、地中海性気候を好む。地中海性気候は、夏が冷涼で小雨、冬が温暖で多雨となるため、日本では特に夏の栽培に工夫が必要である。

25 解答 ▶ ⑤ ★★★
④のインパチェンスは中性植物、①②③は長日植物に分類される。

26 解答 ▶ ① ★★
写真はシクラメンである。シクラメンは球根植物であるが、営利的には11〜12月に播種をする。

27 解答 ▶ ④ ★★
1Lに1mlの乳剤を溶かすと1000倍液となる。500倍液は1Lに2ml含まれる。500倍液を10L作るには、2ml×10で20ml必要である。

28 解答 ▶ ④ ★
写真はカトレアで、着生ランであるから植え込みにはミズゴケを使用するのが一般的である。着生ランは、樹木の幹などに着生して生育している。

29 解答 ▶ ⑤ ★★
切り花のキクは品種の組み合わせで年間出荷されているが、愛知県が第一位で第二位は沖縄県である。

30 解答 ▶ ① ★★
エラチオールベゴニアは、当初改良した育種家オットー・リーガー氏の名前からリーガースベゴニアと呼ばれたが、現在は様々な品種がつくられエラチオールベゴニアという名称が一般的である。

31 解答 ▶ ④ ★★
モザイク病はウイルスが病原菌である。①軟腐病と⑤根頭がんしゅ病は細菌、②灰色かび病、③立ち枯れ

病は糸状菌。

32 解答 ▶ ④ ★★★

川砂の固相率は55％程度。①腐葉土の固相率は10％程度。②パーライトは真珠岩を高熱処理して製造されるが、一般的な固相率は8％程度で土壌孔隙を増やす目的で施用される。③赤土は25％程度。⑤バーミキュライトの一般的な固相率は15％程度。なお、田土の固相率は46％程度で、川砂よりも固相率は低い。

33 解答 ▶ ② ★

②STS剤はエチレン阻害剤として老化を防ぐため、品質保持剤として用いられる。①ダミノジット剤は成長抑制、③有機溶剤は農薬の希釈、④BT剤は生物農薬、⑤展着剤は薬剤の定着のために使用する。なお、キクはエチレン非感受性花きのため、品質保持剤としては抗菌剤が用いられる。

34 解答 ▶ ③ ★

遮光ネットは光の透過量を減らして室内温度を下げる。②不織布や①④⑤ビニルフィルム系統は通気が悪いため、温度が上昇する傾向がある。

35 解答 ▶ ① ★★

テッポウユリの冷蔵処理の効果を上げるには、事前に高温処理をして休眠を打破する必要がある。45℃程度の温湯に60分浸漬することで効果がある。

36 解答 ▶ ③ ★★★

大粒種子はアサガオ、キンセンカ、ジニア、スイートピー、ヒマワリなど。中小粒種子はサルビア、ストック、ニチニチソウ、マリーゴールドなど。微細種子はキンギョソウ、ケイトウ、パンジー、ペチュニアなど。

37 解答 ▶ ④ ★

台木と接ぎ穂の形成層を密着させ癒合させることが重要である。①種子繁殖は、最も繁殖効率がよい。②老化した株が台木に接ぐことによって若返る。③遺伝的に同じ個体を作成できる。⑤花き栽培では木本植物で行われる場合が多い。

38 解答 ▶ ① ★

グラジオラスは球茎の春植え球根、②ユーストマ（トルコギキョウ）（一年草）、③パンジー（一年草）、④ストック（一年草）、⑤キキョウ（宿根草）である。

39 解答 ▶ ⑤ ★

①セル成型苗は、セル成型トレイに種子を播いてできた苗で、そのまま抜いて鉢上げできるので、根を痛めることが少ない。②セル成型苗の普及で、生産者が行ってきた種苗生産が種苗生産者から購入されることが多くなった。③多額の設備投資が必要であるが、苗と資材を規格化できるので用土の調整・播種・発芽・育苗の各段階に専用の機械を用いた省力的な苗生産システムがつくられている。④均質な苗を、計画的に大量供給できるので、大規模な共同育苗施設や種苗会社などの苗生産で活用されている。

40 解答 ▶ ③ ★★

①ふつうはノイバラの台木に接ぎ木した苗を購入して栽培する。②栽培床には、ピートモスやバーク、たい肥などの有機物を十分に入れる。③養液栽培には主にロックウールを使用する。④ベーサルシュートの発生を促し結花枝をつくる。⑤ロックウール栽培ではアーチング方式やレベリング方式に仕立てる。

41 解答 ▶ ② ★★★

②パフィオペディラム（地生種）。①カトレア（着生種）、③デンドロビウム（着生種）、④ファレノプシス（着生種）、⑤オンシジウム（着生種）。

42 解答 ▶ ③ ★★

吸汁性害虫ハダニによるバラの被

害葉である。

43 解答▶① ★★
　ユリはりん茎、②グラジオラスは球茎、③カンナは根茎、④シクラメンは塊茎、⑤ダリアは塊根植物。

44 解答▶⑤ ★★★
　ペチュニアは、中南米の温暖で年間の温度差が少なく、夏季冷涼な環境の地域に原産地がある。

45 解答▶① ★★★
　サルビアはシソ科である。①コリウスはシソ科、②ジニアはキク科、③キンギョソウはゴマノハグサ科、④インパチェンスはツリフネソウ科、⑤ケイトウはヒユ科。

46 解答▶③ ★★
　③ツツジ類は pH 4〜5 の鹿沼土で植え付ける。①ガーベラは pH 7〜8、②キンセンカは pH 7〜8、④プリムラ類は pH 7、⑤ストックは pH 6〜7 を好む。

47 解答▶⑤ ★★★
　ジベレリンは出来た花芽の生育を促進し、開花を早めることができるため、花芽が形成された9月中・下旬に散布する。

48 解答▶⑤ ★★
　ストックは子葉が展開した段階で八重鑑別を行い、八重咲率を高めて栽培されている。

49 解答▶② ★★
　写真は EC メーターで土壌中の電気伝導度を測定することにより土壌中の肥料濃度を調べることができる。水5に対して用土1の割合で撹拌する5：1法では0.5ms/cm をこえると草花栽培では肥料過多と判断される場合が多い。

50 解答▶② ★★★
　日本国内では様々な観葉植物が導入されているが、多くは熱帯から亜熱帯の森林地帯を原産地とするものが多く、寒さや強光線に弱いものが多い。その中でヤシ類は原産地では戸外に生息しているものが多く、比較的強光線を好む。

選択科目 ［果樹］

11　解答 ▶ ④　★★

受粉が必要な果樹は、自家不和合性果樹（リンゴ、ナシ、オウトウ）、雌雄異株（キウイ、ギンナン）、花粉のない品種（モモの白桃系など）などがある。①はカンキツの不知火（しらぬひ）・デコポン、②はブドウ、③はウンシュウミカン、⑤はイチジクで、いずれも自家結実のために他品種の受粉は必要ない。③⑤は単為結果性のため受粉も必要でないが、種なし果実でもある。

12　解答 ▶ ①　★★★

果樹の生育は樹体内のC（炭水化物・光合成物質）とN（根からの窒素肥料成分）のバランスによって左右される。Cが多いと生殖成長が盛んになり、果実も着色・糖度が良くなる。着色がよくて糖度が高く、品質の良い果実をつくための管理として、（1）光合成を盛んにするために適切なせん定や誘引で光を樹冠内に入れる、（2）摘花・摘果を行い着果過多にしない、（3）窒素肥料や土壌水分を過多にしない、などが重要である。Nの割合が多いと②③④⑤のような栄養成長が盛んになり、病害虫にも弱くなる。

13　解答 ▶ ③　★

落葉果樹が正常な発芽をするためには、十分な休眠を経て、目覚める必要がある。正常な休眠のためには、一定時間（期間）低温状態が必要である。冬季の温度が高いと、この低温が得られず、結果的に発芽不良となってしまう。①生育期間中の日照不足は花芽形成の低下となり、日照が多いと花芽分化は良好となる。②成熟前の降雨は糖度を低下させる。④土壌中に窒素が多いと栄養成長が盛んとなり、花芽形成が抑制

される。⑤開花期の強風は訪花昆虫の活動が抑えられるため、結実が悪くなる。

14　解答 ▶ ①　★★★

カリは果実内に窒素の1.5～3倍多くふくまれており、実肥・玉肥というが、施肥量は窒素と同程度かやや少な目でよい。過剰になるとカルシウムやマグネシウムの吸収が悪くなる場合があるので注意する。②カルシウム、③リン、④窒素、⑤マグネシウムの説明文である。

15　解答 ▶ ②　★★

開花の前年の夏頃におきる花芽分化は生殖成長である。生殖成長は樹体内に光合成物質のC（炭素）の割合が高い状態である（設問12の解説を参照）。光合成は日照の多い方が盛んであり、雨が少ないと土中の窒素成分が根からの吸収が少なく樹体内の窒素が減少する。夜温は涼しい方が呼吸が少なくCの消費が少ない。窒素肥料が多い状態で、強せん定を行うと栄養成長が盛んになる。その他、新梢を横に倒す、摘果を行い着果過多にしないことも花芽分化促進となる。

16　解答 ▶ ⑤　★★

接木は細胞分裂の盛んな形成層（木部と樹皮の間。一般的には緑色）を合わせないと活着しない。形成層の外側に道管、内側に師管があり、この3つをまとめて維管束という。太さが異なる台木と穂木を合わせる場合、台木と穂木の形成層が完全に一致しないことが多いが、一部（片方）の形成層だけでも必ず合わせなければ、活着はしない。維管束部分は組織が柔らかいため、よく切れるナイフ、作業を雑にしない、手早い作業で形成層部分を傷めない・乾燥させないことも重要である。①芽接ぎは秋である。③穂木を乾燥させる

と芽が傷む。④接ぎ木の方法は枝接ぎと芽接ぎ、また枝接ぎでも④の割り接ぎ以外に切り接ぎ、挿し接ぎ、腹接ぎなどがある。また、「休眠枝接ぎ」だけでなく、生育期間中の「緑枝接ぎ」もある。

17 解答▶① ★

　せん定をした場合、「癒傷（ゆしょう）組織」によって切り口がふさがらないと、そこから枯れこんでくる。その枯れ込みをしばらくの間抑え、形成層（設問16の解説参照）から盛り上がるようにできてくる「癒傷組織」ができるのを助けるのが保護剤である。木工用ボンド等でも代用できるが、市販されている保護剤には、病気を防ぐ成分が入っているものがある。塗布は木部だけでなく、形成層を守るために樹皮部分に塗布することが重要である。

18 解答▶② ★

　枝の切り方として、枝を途中から切り落とす「切り返しせん定」、枝を分岐の基部から切り落とす「間引きせん定」の2種類がある。切り返しせん定は、切り残した枝から発生する新梢の発育を促し、骨格枝を育て、枝を延長させる等に利用される。一般的に切り返しせん定は、新梢の発生・発育である栄養成長が盛んになる。それに対し、間引きせん定は、枝数が減り、樹冠内への日当たりもよくなり、樹勢も落ち着き、生殖成長が盛んになる。

19 解答▶④ ★

　背面（上面）からの枝・上向きの枝はやがて強大な枝となり、樹形を崩す原因となりやすい。ただし、樹勢向上などの目的のために利用する場合がある。また、ウメなどでは、上向きに発生した新梢を捻枝して横に倒すことにより、花芽の多くついた結果枝にすることも行われる。①

角度は広い方が裂けにくい。②車枝はその部分が弱くなる（棚栽培では、棚そのものが負荷を少なくするため、車枝でも支障は少ない）。③骨格枝・亜主枝も含め、枝先を倒すと樹勢が落ちる。そのため、枝を誘引等で倒した場合でも、主枝や亜主枝等の先端は支柱等を使って常に上向きにする。⑤急激に曲げた部分から徒長枝が発生してしまう。

20 解答▶③ ★

　果実は生育初期の細胞数増加、その後は各細胞の拡大で肥大していく。そのため、生育初期段階で細胞数を増加させることが重要である。例えば、ブドウの巨峰などの大粒種は、「花振るい」による着粒数の不足の危険があり、摘粒適期は、花振るい終了後の着粒を確認後であった。しかし、ジベレリン処理により、花振るいの危険がなくなり、房先3～4cmの思い切った房の切り込み（摘蕾）、第1回目のジベレリンが終わると早期摘粒を実施することにより、以前より大粒のブドウが生産できるようになった。①⑤は小さな果実となる。②摘蕾（てきらい）の方が効率的に数を減らしやすい。④早すぎると気象災害や病害虫等への対応ができないため、晩霜等の多発地域などでは注意をする。⑤摘花・摘果を行わなければ、小さな果実が結果過多となり、やがては隔年結果という最悪の状態となる。

21 解答▶② ★

　収穫後に果実温が高いと呼吸が盛んで、果実内の栄養分等の消費が行われることにより鮮度が落ちる。しかし、キウイやバナナ、西洋ナシはクライマクテリック（追熟）型果実であり、成熟後半や追熟中に呼吸量の増加とエチレンによりデンプンが

糖に変化する。このキウイ、西洋ナシなどを除く、その他の果実は、呼吸により、糖・酸の減少により味や品質が低下する。また、果実からの蒸散による水分減少は、鮮度が大きく低下する。この呼吸や水分蒸散は果実温が高いほど盛んである。果実温が低い時間帯での収穫、そして収穫後に冷蔵庫等で冷やす「予冷」も鮮度保持ために重要である。③水分が多いと糖度は低い。④目に見ない打撲傷等により腐敗しやすくなる。⑤完熟に達するまでの早い段階で収穫する方が長期間貯蔵できる。

22　解答▶①　★★

写真はリンゴ園に設置されたマメコバチの巣であり、人工飼育が行われ利用されている。このマメコバチは細い筒の中に巣をつくり、ときどき餌が必要な西洋ミツバチと比較して、飼育にほとんど手がかからず、刺される危険もない。ヨシ（アシとも言い、河川などの自生するイネ科の大型多年草）等の筒状の茎を束ねて、雨のかからない状態で果樹園などに置いておくだけ維持できる。受粉が大変なリンゴやオウトウなどの産地で多く利用されている。一般的な果樹類の受粉では、マメコバチ以外に、ハチ類、アブ類、ハエ類などが活動しているが、おもなものはミツバチ、花アブである。

23　解答▶⑤　★★

①②リンゴは最初に中心花が開き、その後に側花が開花するが、品質の良い果実を得るために中心花に対して人工受粉を行う。③花粉採取用の花は、開花直前のものが花粉量や発芽率からみて最も適する。花が開いてしまうと花粉が飛散するため、花粉は採取できない。そのため、風船状に膨らんだ蕾を採取し、葯（や

く）採取機で葯を集める。④その後、22～25℃で開葯させて花粉を採取する（10℃程度では開葯がほとんど進まない）。開花期が低温や強風で訪花昆虫が活動しない場合や、受粉樹が少ない場合は結実不良となるおそれがあるため、必ず人工受粉を行う。

24　解答▶④　★★

矢印部分の名称は花床（花たく）であり、子房の周囲にある。リンゴやナシなどの仁果類は花き中のこの組織が肥大して食用になり、果実の中心部分や種子が花の子房部分にあたる。モモなどの核果類は、周囲に何もない子房のみの構造であり、子房壁（子房の外側部分）が肥大したものを食用としている。このように子房壁が肥大して食用部分になるものを「真果（しんか）」と言い、核果類以外にブドウ、ウンシュウミカン、カキなどがある。この真果に対し、リンゴ、ナシ、ビワ、クリなど、花床（かしょう）やその周辺組織が肥大したものが、「偽果（ぎか）」である。

25　解答▶③　★★

「わい化」を漢字で書くと「矮化」である。「矮」は「わい」と読み、意味は「短い・低い」である。「矮化」とは、動植物が一般的な大きさよりも小形なままで成熟することである。リンゴは樹が高く作業も困難な果樹であるため、台木の種類によって樹を小さくしたのがわい化栽培である。わい化栽培は、普通栽培に比べて樹勢が抑制され、密植により早期多収と低樹高化による省力化・安全性が図られる。樹は小さくなるが、葉や果実の大きさは変わらない。樹形は主幹形の一種であるコンパクトなスレンダースピンドル（細型紡錘形）が基本となる。わい化栽培に用いられる台木はM.9台、M.26台、JM 2台、JM 7台などがあるが、わ

い化程度が台木によりやや異なるため、環境や目的に合わせて選定する。

26 解答▶②　★★★

　果実が肥大するには、一般的に種子で合成されたジベレリンなどの肥大ホルモンが関係している。そのため、種子数が少ないと果実が小さくなったり、変形果になることが多い。リンゴやナシなどでは、めしべの柱頭が基本的には５つに分かれており、それぞれが受精し、種子が形成される。リンゴを確実に結実させるためには５つの柱頭に受粉・受精を確実に行うことが大切である。受粉・受精が不十分だと種子の形成が少なくなり、種子がない側の果肉の発育（肥大）が悪くなり、写真のようないびつな果実となる。ブドウのジベレリン処理では、１回目は無核（種なし）化、２回目は肥大促進である。１回目処理で終わると、種はないが、非常に小さな果粒となる。

27 解答▶⑤　★★

　果樹で使用される透湿性シートは、不織布の一種で、水滴（雨）は通さないが、水蒸気は通すことができる特殊シートである。そのため、果樹園に敷くと、雨水は土に入らず流れ、土壌水分は水蒸気としてシートを通過するため、土壌が乾燥する。また、白色は光（日光）を反射させ、シルバーマルチのような害虫被害の軽減と着色向上・糖度向上効果が得られる。しかし、長期間敷くと根・樹が弱るため注意が必要である。①糖度を上げるためには８月以降土壌をできるだけ乾燥させる。②秋遅くまで肥料を効かせると果実の着色が遅くなる。③生育後半の初夏に倒伏するナギナタガヤによる草生栽培では土壌への有機物の補給とともにハダニ類の天敵を増やす効果がある。④堆肥は冬季に施用するのが基本で

あり、堆肥を施用しても状況に応じた施肥は必要である。

28 解答▶⑤　★

　①ウンシュウミカンでは、上向きの果実（天なり果）は糖度が低く品質が悪いので摘果する。②部分摘果とは枝単位で、その枝になっている果実をすべて取り除く摘果方法で、摘果した枝は翌年には多くの花が着生する。③摘果時期が早いほど隔年結果防止効果が大きい。④実用化されている摘果剤にはエチクロゼート剤やＮＡＡ（１－ナフタレン酢酸ナトリウム）などがある。その他の摘果方法として、樹の上半分などの果実は大きく果皮の厚いものとなりやすく、品質が悪いため、上部のものは全て摘果する方法もある。また、樹の果実を全く摘果せず着果・収穫し、全着果させた樹は翌年は全摘果をする。これを交互に繰り返す方法は果実は小さくて品質もある程度よく、摘果も効率的である。

29 解答▶③　★

　ウンシュウミカンは貯蔵されることも多く、果実に小さな傷等があれば腐敗の原因となるため、細心の注意をして収穫をすることが重要である。果柄（軸）が長く残っていると、収穫された他の果実の果皮を傷つけて腐敗しやすくなるので、それを防ぐために「二度切り」を行う。この二度切り以外の収穫時の注意点として、降雨直後や朝露など果実が濡れているときは収穫をしない。爪などで傷をつけないために手袋をする。果実を引っ張って収穫しない。果実を落とす・投げるなど乱暴に扱わない等がある。

30 解答▶④　★★

　ウンシュウミカンは、貯蔵中や流通・販売過程でカビ等による腐敗が発生しやすい。予措は貯蔵前にウン

シュウミカンの果実を果実重量で3〜5％減少するように軽度に乾燥させる作業である。予措をすると果皮の水分含量が減少し、果実に弾力性が出ると共に、果実表面がコルク層状になり、その後の果実水分の減少・病菌による腐敗を防ぎ、貯蔵性や流通特性が良くなる。

31　解答▶①　★★

ブドウにはおしべとめしべがあり、花冠（キャップ）が外れた時点で受精・結実するのが普通だが、巨峰や欧州種などで樹勢の強い場合は、結実が悪い「花振るい」現象がおきる。樹勢の強い巨峰等の栽培は、この花振るい現象により、栽培が困難であった。その対策として、X字型長梢せん定、樹の巨大化や結果枝への矮化剤処理など様々な対策が実施され、苦労した。現在は無核化のジベレリン処理をすることにより、結果的に「花振るい」も少なくなり、栽培上は問題がなくなっている。②はブドウには自家不和合性はない。③の花粉が無かったり、少ないのは、モモの一部の品種（白桃系など）、カキの一部の品種で見られるが、ブドウでは問題はない。④巨峰系や欧州種などでは「花振るい」が発生しやすいが、デラウェアやキャンベルでは少ない。⑤樹勢の弱い場合の方が結実・着果は多い。ただし、果実の肥大は悪い。窒素肥料を多くすれば、樹勢が強くなり、花振るいが多くなる。

32　解答▶③　★★

植物成長調整剤とは、極微量（薄い）で生育を左右する物質であり、その主なものは「ホルモン剤」である。ブドウで最も有名なものは、種なしをつくるジベレリンであるが、設問①における役割が「着色向上」であり、正解でない。ブドウではジベレリン以外に多く使用されているものが2つある。一つ目は、②の一般名は「フルメット」で、果粒肥大・着粒促進であり無核効果はない。二つ目は、殺菌剤としても利用されている③の「ストレプトマイシン」である。最近栽培が急増しているシャインマスカット等において、ジベレリン処理だけでは種が残ってしまうため、完全無核化（種なし）にするために再注目されており、ジベレリンと併用使用されている。①ジベレリンは、種なし（無核）化以外に果粒肥大、熟期促進、果房伸長、さらに着粒安定の効果がある。④はミクロデナポン水和剤で、リンゴの摘果剤。⑤は、リンゴ、ニホンナシ、セイヨウナシ、カキの収穫後果実の貯蔵性向上として使用され、ブドウでは使用しない。

33　解答▶④　★★

果実の成長（肥大）曲線は、生育初期と生育の最後に肥大が緩やかであり、曲線としてはS字となる。その中で、生育中期に肥大が緩やかになるとS字の変形した二重S字肥大曲線となり、モモなどの核果類、ブドウ、カキなどがこれにあたる。この生育中期に肥大が停滞・緩やかになるのは、核（種）の硬化や胚の発育（種の充実）のためである。一方、中期に生育が緩やかにならないS字曲線の果実には、リンゴ、ナシ、カンキツ類、クリなどがある。①②③の条件でも肥大速度は落ちるが、全てのモモ、ブドウでおきる現象と同様ではない。肥大の停滞は種子が充実する時期であることが原因であり「硬核期」という。⑤成熟前の肥大や軟化・糖度の上昇は硬核期に引き続いておきる。

34　解答▶③　★★

写真のようにモモ、ウメ、オウト

ウなどは、１か所に２個以上の芽の
ある複芽がある。特に１カ所に数多
くの芽がある「花束状短果枝群」も
あるが、多数の花が咲き過ぎるため、
早めに数を減らす必要がある。ナシ
も多数の花芽がかたまってある短枝
群（しょうが芽）があり、これも早
めに花芽せん定で数を減らす。写真
の左右の太い芽は花芽であるが、モ
モやウメなどは枝葉が出ず、花だけ
咲く純正花芽である。真ん中の細い
芽は枝葉の出る葉芽である。純正花
芽を持つ果樹には、核果類以外にビ
ワ、ブルーベリーがある。

35　解答▶⑤　　　　　　　　★
　同じ場所に前作と同じものを植え
る（改植）と生育が良くないことが
ある。これが忌地（いやち）現象で
あり、モモやイチジクはおこりやす
い。原因は前作の根の有害物質、根
の紋羽（もんぱ）病、センチュウ等
である。客土（きゃくど）とは、他
から土を運び、投入することである
が、果樹が栽培されていない新鮮な
土や団粒構造になった土が最適であ
る。②有機物投入はよいが、未熟な
ものは紋羽病等の原因にもなる。③
忌地対策には排水良好がよい。その
他の対策として、土壌消毒（薬剤・
太陽熱等）、抵抗性台木の苗、２～３
年経過した大苗利用などがある。

36　解答▶②　　　　　　　　★
　ナシの花芽は混合芽であり、１つ
の芽の中に数花と枝・葉があるのが
正常・基本である。しかし、花芽が
正常に発育しなかった場合、枝・葉
になる部分が４～５個の小さな花と
なったものが子花であり、子花に対
し、本来の花を親花という。この親
花と子花は１つの芽の中にあり、「子
持ち花」という。品種により異なる
が、子花は良い果実にならないので、
つぼみの段階等、できるだけ早く摘

み取る。

37　解答▶③　　　　　　★★★
　ホルモン剤のジベレリンはイネの
バカ苗病から発見さたように、本来
の働きは、大きくする生長促進・肥
大促進である。また、ブドウの無核
（種なし）処理に使用するジベレリ
ンは、果粒状であるが、設問では、
ペースト（粘性・練もの状）となっ
ており、果実への塗布でなく、新梢
塗布である。ニホンナシへの植物成
長調整剤のジベレリンの利用の一つ
として、新梢伸長促進効果を目的に、
新梢基部へ塗布する栽培技術があ
る。他に、ジベレリンペーストを満
開後30～40日頃の幼果の軸に塗布す
れば、肥大・熟期促進ができる。

38　解答▶②　　　　　　　　★
　西洋ナシは、日本ナシとは異なり、
樹上では成熟しないため、収穫した
ものをすぐに食べることができな
い。そのため、収穫した果実を０～
５℃の冷蔵庫等で１～２週間予冷処
理した後に追熟（10～20℃）させる
ことで食べ頃となる。収穫が早すぎ
ると追熟がうまくいかず、遅すぎる
と果肉褐変などがおきやすく、食味
不良となる。収穫にあたっては、果
皮の変化が少ないため、満開後の日
数、ヨード・ヨードカリ反応（＝デ
ンプンの消失割合）、果肉硬度、糖度
計示度、種子の色等から収穫適期を
判定するが、品種によって指標が異
なる。

39　解答▶③　　　　　　　　★
　土壌表面の管理法には、中耕や除
草剤などによって土壌表面に全く草
を生やさない「清耕法」、牧草や雑草
を生やす「草生（そうせい）法」、敷
草や敷ワラの「マルチ法」がある。
写真は草生法で管理しているナシ園
である。この方法では、土壌中の有
機物及び腐植含量を増やす効果など

がある。欠点として、養水分の競合が生じたり、病害虫の発生源となったり、草刈りの労力があげられる。年間数回刈り取るが、刈り取った草を敷けばマルチ法になり、土壌表面の有機物増加につながる。

40 解答▶④ ★★

表より、現在の土壌 pH5.5 と目標とする土壌 pH6.0 が交わる欄から、必要とする苦土石灰量を読み取ると90kg となっている。表は10a 当たりの量なので1 ha 当たりでは10倍の900kg となる。苦土石灰の使用であるが、pH 改善効果は石灰成分であり、苦土は Mg である。苦土石灰以外に、消石灰、生石灰、石灰窒素、熔リン（熔成燐肥）、そして、最近使用が増加している貝殻などからつくられた有機石灰がある（石灰の字がある過リン酸石灰は pH 改善効果はない）。有機石灰を除き、植付けの約2週間前頃に施用する必要がある。

41 解答▶③ ★★

ブドウの有機酸は酒石酸とリンゴ酸であるが、リンゴ酸は少なく、酒石酸が40〜60％の比率で含まれている。酒石酸は他の果実には含まれておらず、ブドウ特有である。カンキツ・ウメではクエン酸、リンゴ・ナシ・モモ・オウトウではリンゴ酸が主要な酸である。①乳酸菌から生成される有機酸。②酢の主成分。⑤トマト等にも含まれるが昆布などのうまみ成分として有名。レモン、ウメが酸っぱいのは、クエン酸の含有量が5％前後と非常に高いためである（一般果実は1％程度）。

42 解答▶④ ★★

写真は「みつ入りリンゴ」である。ソルビトール（ソルビット）は、砂糖（ショ糖）の60％程度の甘さの糖アルコールの一種であり、ハチミツのような特に甘い部分ではない。リ

ンゴなどバラ科に属する果樹の多くは、光合成同化産物を主にソルビトールに変えて果実に運び、その後、さまざまな糖に変換して品種独特の甘味を呈している。リンゴ「ふじ」品種などで、完熟状態であれば果実内に運ばれたソルビトールが糖に変換できずに細胞間げきにしみ出て、水と結合して半透明にみえる。これが蜜（みつ）入り症状であり、成熟が進むほど、収穫前が低温になるほど出やすい。みつ入りリンゴは、蜜が入っているからおいしいのでなく、完熟しているためおいしい。しかし、完熟のため保存期間が短いことが欠点である。

43 解答▶⑤ ★

雹（ひょう）は、直径5 mm 以上の氷粒で、5〜7月、10月頃など、突発的に降ってくるため事前に防止することが難しい。写真のように幼果期に被害を受けた場合、打撲や傷が著しい果実は落果したり奇形果となり、収穫できても商品価値が低く、被害は大きい。最近は地球温暖化のためか、異常気象により降雹が多くなっている。多発地域では、防雹ネットの設置が望ましい。

44 解答▶③ ★

凍霜害防止のための燃焼法の写真である。凍霜害は夜間の放射冷却による気温の逆転現象が原因で起こり、地形によって発生程度が異なる。燃焼法では多数の小さな火点（火源）で、灯油や固形燃料を燃焼させるのが効率的である。生育ステージによって危険温度は異なり、危険温度に下がった頃（開花期では0℃になる直前）に点火し、朝まで燃焼させ続ける。⑤は、送風法（防霜ファン）の記述であり、多くの果樹や茶畑で設置が多い。その他の方法として散水氷結法もある。

45　解答▶④　　　　　★★

　写真は青かび病である。青かび病や緑かび病は果皮の傷口から感染して腐敗を発生させる。腐敗を防ぐには、収穫や果実の調整などの作業で、果皮に傷をつけないよう果実をていねいに扱うことが大切である。その他、台風やヤガによる損傷に注意、濡れた状態では収穫しない、確実な予措と温湿度管理、発病果の早期発見・除去、収穫前の薬剤散布などがある。

46　解答▶①　　　　　★

　写真の被害は幼虫の食入によるものである。②③④⑤は口針等による吸汁性害虫であり、果実に食い入ることはない。シンクイムシ類は蛾の幼虫で、年3～5回発生。幼虫が果実や新梢に食入し、果実への被害は収穫直前に多くなる。

47　解答▶⑤　　　　　★★

　①ハダニ、②アブラムシはスリップス（アザミウマ）と共に極小昆虫、③ハマキムシと④ハモグリガ（絵かきムシ）は、蛾の幼虫である。⑤ドウガネブイブイはコガネムシ類で、幼虫はカブトムシと同様に土中で生育する。ドウガネブイブイは年1回の発生で、6～7月頃に成虫がブドウの葉などを食害する。①ハダニは年10回程度発生し、葉や果実を吸害する。下草の刈り取りや生育期の殺ダニ剤を散布して防除する。②のアブラムシは発生サイクルが短いので年中発生、③ハマキムシは3～5回、④ハモグリガは5～6回である

48　解答▶④　　　　　★★

　マシン油乳剤は機械油の乳剤（水に溶けない物質を乳化剤により水と混和させた液体）である。油であり食毒や接触毒はないが、害虫の体表面を油膜で覆って窒息させる薬剤である。散布すると、油成分の被膜等

により、樹に多少の薬害があるため、落葉・常緑果樹ともに冬季散布が基本である。②は石灰硫黄合剤であるが③の殺草効果はない。⑤草を弱らすかもしれないが殺草剤でない。

49　解答▶①　　　　　★★★

　冷蔵庫内の設定温度を－1℃にし、ナシ晩生品種の端境期販売を目的に貯蔵している写真である。果実が凍る氷結点は、ナシの「二十世紀」では、－2℃といわれている。このように0℃以下の氷結点の領域で、呼吸を著しく抑制して鮮度を保つ貯蔵法を氷温貯蔵という。氷温貯蔵はリンゴなどでも同様に行われている。他の貯蔵法として、低温貯蔵、酸素と二酸化炭素濃度を調整したCA貯蔵、低酸素・高濃度CO_2にできるフィルムで1果ごとに包装するMA包装などがある。

50　解答▶④　　　　　★

　貯蔵性は、品種や果実の素質と環境条件に影響される。長期貯蔵するためには、貯蔵性が優れた品種を選び（例：「ふじ」「シナノゴールド」等）、収穫は完熟よりやや早め（みつ入りリンゴなどは適さない）に行うこと。また、貯蔵には温度、湿度、ガス環境が影響するため、果実が凍らない程度の0℃を基準とし、酸素と二酸化炭素濃度を約1.5～2.5％程度に調節して、果実の呼吸を抑制するCA貯蔵（Controlled Atmosphere Storage（制御された空気での保管））などが実用化されている。湿度は低すぎると果実からの蒸散が多くなり、高すぎるとカビ類が発生しやすくなるため、90％程度に保つ。最近では窒素も利用している。

選択科目［畜産］

11 解答▶③ ★★

ルーメン内で生成される主な揮発性脂肪酸は、酢酸、プロピオン酸、酪酸があり、第1胃から第3胃で吸収されるが、そのうちの7割弱を酢酸が占める。

12 解答▶② ★

①ウマの繁殖季節は春〜夏、③ヒツジの妊娠期間は145〜150日、④ヤギの繁殖季節は秋〜冬、⑤ブタの妊娠期間は約114日である。

13 解答▶① ★★

農林水産省（令和3年2月1日現在）の統計調査によると、乳用牛と肉用牛の飼養戸数は前年（令和2年）に比べ減少しており、飼養頭数は増加している。豚、採卵鶏、ブロイラーは前回の調査が平成31年で、豚とブロイラーは飼育戸数が減少し飼育頭羽数は増加している。採卵鶏は、飼育戸数・飼養羽数ともに減少している。

14 解答▶① ★★

種卵は、集卵後すぐに消毒をして気室がある鈍端を上にして貯蔵する。②③貯卵温度は通常14〜16℃くらいの温度で、湿度70〜80%を保つ。④卵殻が薄いものはふ化率やひなの品種を損なうので種卵には用いない。⑤貯卵の期間は1週間以内がよいが、温度・湿度が保たれた種卵は、2週間でも比較的高いふ化率を維持することができる。

15 解答▶⑤ ★

ニワトリは、小石（グリット）を筋胃の中にたくわえておき、これを使って飼料をすりつぶしている。

16 解答▶③ ★

育すう中は暑すぎないよう、寒すぎないよう十分に気を付ける。低温すぎるとひなは温源を中心に集ま

り、重なりあう。①適温では、ひなは全床面にまんべんなく分散し、よく眠る。④高温すぎるとひなは温源からはなれ、周辺に分散し、あくびをよくし、ほとんど眠らない。

17 解答▶② ★★★

①卵黄係数＝卵黄の高さ(mm)÷卵黄の直径(mm)である。新鮮卵は0.36〜0.44、古い卵は0.30以下である。③濃厚卵白が水様化して卵白の高さが低下し直径が増加するのは古い卵である。④ハウユニットは、卵重と卵白の高さを測定して表される数値である。⑤卵が古くなると、卵黄膜が弱くなり、卵白の水分が卵黄に侵入し、卵黄の直径が大きくなる。

18 解答▶④ ★

産卵された卵の卵黄色を測定する器具である。卵黄の色は、与える飼料によって変化する。黄だいだい色が好まれるので、トウモロコシなどの黄色の色素を多く含む飼料を与えるとよい。

19 解答▶③ ★★

①黄色トウモロコシに含まれるカロテンやキサントフィルが卵の色に影響を及ぼす。②ダイズ粕はタンパク質含量が高い。⑤ニワトリは野菜くずなど緑餌類を好んで食べる。

20 解答▶① ★★★

ニューカッスル病は、ウイルスが原因で発症するニワトリの病気である。緑色の下痢便、奇声や呼吸困難などの呼吸器症状、起立不能や頸部捻転などの神経症状を示す。この病気は法定伝染病であり、感染が判明したら速やかに家畜保健衛生所に報告する必要がある。

21 解答▶④ ★★

ブタの水要求量は、体重や繁殖ステージ、環境温度によっても変化する。哺乳子豚では1日に平均700gの水分が母乳から供給されるが、母

乳のみでは不足するため、哺乳子豚
用の給水器をつける必要がある。新
鮮な水を十分に給与するため、自由
飲水法が適している。

22　解答▶③　★★
①発情周期は21日、②発情期間は
約７日。④哺乳期間は21〜28日が一
般的である。⑤年間分娩回数は２〜
３回が一般的である。

23　解答▶③　★
母豚の体内から生まれた子豚は羊
水で濡れているので、外気にさらさ
れると体温が急激に低下する。その
ため、徹底した保温は重要である。
生まれて間もない子豚は初乳から母
豚の免疫を受け取る。子豚が初乳中
の抗体を体内に吸収できるのは、生
まれてから数時間だけなので、必ず
初乳を飲ませる。②哺乳子豚は軟便
や下痢をしやすく、この場合は適切
な治療を行う。④哺乳期の子豚は体
脂肪が少なく、寒さに弱いので十分
な保温管理を行う。⑤切歯をするか
しないかは賛否両論あるが、アニマ
ルウェルフェアの観点から、ニッパ
ーで歯髄から切る（割る）ことは、
好ましくない。

24　解答▶①　★★
ブタの法定伝染病は豚コレラ、口
蹄疫、流行性脳炎などである。⑤豚
赤痢は届出伝染病に該当する。②③
④はニワトリの病気である。

25　解答▶⑤　★★★
①豚肉の脂肪は白くて硬いものが
好ましい。②加熱しても雄臭は消え
ない。③DFD豚肉はPSEと異な
り、加工特性が劣ることはないが、
見栄えが悪く精肉としての保存性に
やや難がある。④黄色い脂肪のもの
を黄豚と呼ぶ。発生原因はおもに飼
料で、飼料中の脂質が酸化したもの
が豚の脂肪組織に移行し、蓄積する
ものである。

26　解答▶④　★★
5,000×0.9＝4,500、5,000×0.91
＝4,550　4,550－4,500＝50
1%の改善により、出荷頭数を50頭
増加することができる。

27　解答▶②　★★
SPFとはSpecific Pathogen Free
の略で、特定の病原菌をもたないブ
タである。これらの豚は、特定の病
気をもっていないため一般的には発
育がよく、病気に対する薬剤の使用
も減少する。

28　解答▶③　★★★
令和３年２月１日現在、北海道が
829,900頭、栃木県が53,100頭、熊本
県が43,800頭となっている。

29　解答▶④　★★
ルーメンとは第一胃のことであ
り、胃全体の８割を占める。ルーメ
ン内には内容物１g当たり約100億
の細菌類と50〜100万のプロトゾア
が生息しており、これらの微生物が
粗飼料を消化、分解している。ルー
メン内は酸性から中性に保たれてい
る。濃厚飼料は粗飼料と比べ急速に
発酵され、pHを大きく下げる。

30　解答▶②　★
①分娩に備えるため、分娩前約60
日間は乳汁分泌を停止させる乾乳期
とする。③分娩後、子宮が回復する
まで約90〜100日を空胎期とする。
④乾乳期へ移行する際は濃厚飼料の
給与を打ち切る。⑤飼料給与量が低
い乾乳期から、高濃度の栄養を必要
とする時期へ移行する周産期は疾病
が発生しやすいので注意が必要であ
る。

31　解答▶①　★★
発情周期後期には黄体から分泌さ
れるプロジェステロン濃度が低下
し、卵胞から分泌されるエストロ
ジェン濃度が上昇し発情が起こる。
その後、LHの一過性の放出があり

排卵する。

32　解答▶②　★★
①ドナー牛に過剰排卵させたあと、人工授精を行い、6〜8日後にバルーンカテーテルと灌流液で受精卵を回収する。③レシピエント牛には発情約6〜8日後に黄体の状態を確認し、黄体のある子宮角深部に受精卵を移植する。④回収された受精卵は、状態によってランクづけし、Bランク以上が凍結保存に適している。⑤ドナー牛にホルモン剤を投与し過剰排卵させる。

33　解答▶③　★
写真の器具は腟鏡である。腟鏡はウシなどの腟腔内に挿入し、開大して腟腔内を検診する器具。

34　解答▶⑤　★★
②ウシは分娩直前になると体温が0.5度程度低下する。①分娩時には胎膜（尿膜）が破れて第1次破水が起き、その後羊膜が破れて第2次破水が起きる。④子牛は前肢から娩出され、③後産は通常分娩後3〜6時間後に娩出される。

35　解答▶②　★★
ライトアングル方式はパラレル方式ともいい、尻を並べて両後肢の間から搾乳する方式である。

36　解答▶④　★★★
ヨーネ病はウシに慢性の下痢を引き起こし、発症すると急激に削痩し、やがて死に至る伝染病。①②⑤はブタの届出伝染病。③はニワトリの法定伝染病である。

37　解答▶⑤　★
搾乳の前には、乳房を清潔にすると同時にマッサージを行い、オキシトシンの分泌を促進する。前搾りとして乳頭槽に貯留した乳汁を少量搾乳して、乳房炎を示す凝固物の有無を確認する。搾乳前および後に、ヨード液などの消毒（ディッピング）

を行うことは、乳房炎の感染を防ぎ、衛生的な牛乳生産のために推奨されている。このほか、パルセータのタイミングや圧力の調整も定期的に行う必要がある。

38　解答▶③　★★★
放牧中にともなう衛生管理上の問題には、以下のようなものがある。ダニなどの吸血昆虫が原虫を媒介することによって発症するピロプラズマ病。硝酸態窒素過剰が原因の硝酸塩中毒や低マグネシウム土壌で生育した草によるマグネシウム欠乏症などの放牧地の土壌成分による過剰症と欠乏症。ワラビ中毒など放牧地に発生する植物による中毒。

39　解答▶①　★★
②乳用種は約7か月齢だが、和牛は約10か月齢。③和牛は黒毛和種、褐毛和種、日本短角種、無角和種である。④和牛は700kg程度で出荷される。⑤肉用の雄牛は肉質向上のために去勢して肥育される。

40　解答▶②　★★
枝肉重量／出荷体重×100＝枝肉歩留率（％）より、500kg／xkg×100≒63％となる。

41　解答▶④　★★
①アルファルファ、②ケンタッキーブルーグラス、③オーチャードグラス、⑤チモシーは永年生の牧草である。

42　解答▶⑤　★
マメ科の牧草はシロクローバ、①②③④はイネ科の牧草である。

43　解答▶②　★★
ビートパルプはペレット状に加工したものが多く、ウシの嗜好性も高い飼料である。①はダイズ粕、③は米ぬか、④はナタネ粕、⑤はフスマである。

44　解答▶③　★★★
サイレージ調製は、乳酸菌による

嫌気発酵を促進する必要があり、早期に嫌気状態を確保し、乳酸菌が優先的に生育できる条件を整えることが重要である。栄養成分を確保する点や有益な発酵生産物の生成を誘導するために適期収穫や水分調整が大事である。そのために、乳酸菌添加材を使用することも良い方法である。

45　解答▶③　　　　　　★

①は可消化エネルギー、②は代謝エネルギーを示す略語である。④はホールクロップサイレージ、⑤は全混合飼料を示す言葉である。

46　解答▶②　　　　★★★

エイビアリーとは産卵鶏の平飼い鶏舎に止まり木や給餌・給水器を立体的に設置した飼育方法で、ニワトリの習性を考慮したものである。①ブロイラーの育成で用いられるバタリーによる飼育は、移動や過密度飼育によるストレスが生じやすい。④⑤スタンチョンとコンフォートは繋ぎ飼い牛舎での繋留方法である。

47　解答▶③　　　　★★★

写真はプラウであり、畑地土壌の耕起・反転に使用する機械である。堆肥散布にはマニュアスプレッダ、石灰や粉状肥料散布にはライムソーワ、播種にはドリルシーダ等、砕土にはハローを使用する。

48　解答▶①　　　　　　★

①胴締器はウシの後肢を固定する器具で搾乳や人工授精を円滑に行うことができる。②カウトレーナーは排ふん・排尿姿勢を整える器具。③バルククーラと④ミルカーは搾乳に関連するものである。⑤スタンチョンはつなぎ飼いで用いられている。

49　解答▶③　　　　★★★

硬質チーズには、チェダーなどがある。①マスカルポーネは軟質チーズ、②ゴーダ、④サムソー、⑤ゴル

ゴンゾーラは半硬質チーズである。

50　解答▶②　　　　　　★

堆肥化の6条件は、有機物、水分、空気（酸素）、微生物、温度、時間である。ふん尿中にある微生物が、酸素を利用して有機物を分解するときに熱が発生する。動物ふん尿を堆肥化することにより、作業者にとって取り扱いやすく、衛生面でも、作物にとっても安全なものにすることができる。

選択科目 ［食品］

11 解答▶② ★

　魚・肉・大豆・乳に多く含まれアミノ酸で構成されている物質は②のタンパク質である。①の炭水化物は穀類、豆類などに多く含まれる。③の脂質は種実、肉、乳などに多く含まれる。④の無機質は、ミネラルともいわれカルシウム、リン、鉄、ナトリウムなど。⑤のビタミンは、野菜や果実などに含まれる。

12 解答▶④ ★

　カリウムは細胞の浸透圧を調節し、栄養素の運搬を行う。①のカルシウムは骨や歯の主要成分となり、②のマグネシウムは骨の代謝やエネルギー代謝を促進する。③の鉄は酸素の運搬をし、⑤のヨウ素は甲状腺ホルモンの成分となる。

13 解答▶③ ★★

　ビタミン類の欠乏症状で、①は脚気、②は口唇炎・口角炎、疲れやすい、発育障害。③は壊血病、④は夜盲症、発育障害、皮膚の角質化、⑤はくる病、骨軟化症である。ビタミンは、栄養素の代謝を助け、からだの働きを正常に保つので、微量でよいが常に必要である。ビタミンには水溶性のものと脂溶性のものがある。

14 解答▶② ★★★

　オリゴ糖類は、グルコースやフルクトースなどの単糖類が２～10分子結合したもので少糖とも言われ、低消化性（低エネルギー）で、整腸作用や腸内細菌を増やす作用などが知られている。①はセルロース、③はポリフェノール、④はペプチド、⑤はデンプン。

15 解答▶⑤ ★★

　「グルコース＋フルクトース」は⑤のスクロースであり、砂糖の主成分である。サトウキビなどの植物界に広く分布している。①の構成成分は「グルコース＋グルコース」で麦芽糖や水あめに所在する。②の構成成分は「ガラクトース＋グルコース」で哺乳動物の乳汁のみに所在する。③の構成成分は「グルコース＋グルコース」ではちみつや水あめに所在する。④の構成成分は「グルコース＋グルコース」で多糖類セルロースに所在する。

16 解答▶② ★★

　不飽和脂肪酸の二重結合部位のすべて、または一部に水素を付加させることを水素添加といい、その製品を硬化油という。硬化油は原料油脂よりも融点が上がる、酸化されにくくなる、フレーバーが改良されるなどの特徴がある。

17 解答▶⑤ ★★

　油脂の融点は食感に深くかかわる。牛脂の融点は45～50℃と高いため、口の中でも融けずにおいしく感じなくなる。牛脂はオレイン酸やステアリン酸などが豊富に含まれているので、抗酸化作用の働きが期待される。ただ飽和脂肪酸も多く含んでいるので、中性脂肪やコレステロールがたまりやすくなり動脈硬化の原因ともなる。

18 解答▶② ★★

　②のプロテアーゼは、タンパク質分解酵素なので、肉組織の軟化や乳の凝固を起こす。①のアミラーゼは、麹菌が出す酵素で、デンプンを分解する酵素。③のリパーゼは、脂肪分解酵素なので、油脂の酸敗の原因となる。④のペクチナーゼは、ペクチンを分解するので、カキなどの果実を柔らかくする。⑤のオキシダーゼは、酸化酵素ともいわれ、果物を褐変させる。

19 解答 ▶⑤ ★★

⑤の果実に含まれる糖と有機酸の量比は糖酸比とよばれ、果実類、特に温州ミカンでは糖酸比13が甘酸のバランスが良好でコクもあり、おいしいと言われる。①のスイカの赤色はカロテノイド、未熟果の緑色はクロロフィルである。③のカロテノイドは果実だけでなく、ニンジン、カボチャ、バター、卵黄などいろいろな食品に含まれる。④のブドウに最も多く含まれる有機酸は、酒石酸である。

20 解答 ▶③ ★★★

日本食品標準成分表2020年版（八訂）の冒頭に「日本食品標準成分表2020年版（八訂）は、給食事業等のほか、栄養成分表示をする事業者や個人の食事管理におけるニーズの高まりに応えるため、③の文部科学省科学技術・学術審議会資源調査分科会の下に食品成分委員会を設置及び検討を行い、調理済み食品の情報の充実、エネルギー計算方法の変更を含む全面改訂を行ったものです。」と記載されている。

21 解答 ▶① ★★

①のブランチングによりトマトなどの加工では、皮も剥きやすくなり効率化も図れる。②のオーバーランとは、原料と最終原料の重量の比率％。③のキュアリングとは、青果物の収穫時に付いた損傷の治癒の目的で行う処理方法。④のチャーニングとは、バター製造時、脂肪球を集合させバター粒を形成させる工程。⑤のエージングとはバター製造時のクリームの脂肪を結晶化させることや肉の熟成のこと。

22 解答 ▶④ ★

精白米の利用方法には、米飯や清酒用などのように、粒をそのまま加工する場合と、上新粉、白玉粉などのように、粉にして加工する場合などがある。近年無菌包装米飯などの加工米、無洗米などの加工精米の生産量が増加している。①は白玉粉、②は無菌包装米飯、③は α 化米、⑤はレトルト米飯の説明である。

23 解答 ▶① ★★

製粉は、粉になりやすい胚乳部と、丈夫で粉になりにくい外皮の性質を利用して、胚乳部分を集める操作である。粉全体を粗砕きしたものをふるって外皮部（ふすま）を除き、胚乳の断片（セモリナ）を分離して粉にする。外皮に近い部分の混入が少ないほど、白く上質な小麦粉になる。②は調質、③は純化、④は粉砕、⑤はふるい分けの説明である。

24 解答 ▶③ ★

タピオカデンプンの原料は③のキャッサバである。①のトウモロコシはコーンスターチの原料で主として糖化原料に用いられる。②のリョクトウははるさめの原料に用いられる。④のカタクリの根からのカタクリデンプンは食用としては生産されていない。⑤のジャガイモから生産されるデンプンは片栗粉として流通・消費され、水産練り製品、製菓用、その他多様な加工食品に利用されている。

25 解答 ▶② ★★

①ポテトフラワーの原料はジャガイモである。ポテトフラワーはジャガイモを水洗・はく皮、蒸煮、乾燥したものを粉砕したものである。②ポテトフラワーは蒸したジャガイモの成分に近い状態で、デンプンは α 化された状態になっている。そのため、適量を加水するとマッシュポテトになる。③ポテトフラワーの主成分はデンプンである。グルコマンナンが主成分なのはコンニャクで、低カロリー食品の素材として用いられ

る。④ポテトフラワーに適量加水するとマッシュポテトになる。アルカリ性にすると凝固するのはグルコマンナンである。⑤ポテトフラワーのデンプンはアミラーゼによって糖化されていない。発酵の原料とする場合には糖化処理が必要となる。

26　解答▶③　★★★

③パンやクッキーの焼成の際に、原料に含まれるアミノ酸のアミノ基（-NH₂）と還元糖のカルボニル基（C=O）が反応して、褐色の色素であるメラノイジンという高分子が生成する反応は、アミノカルボニル反応であり、独特のフレーバーや色を形成する。①ヨウ素デンプン反応はデンプン液にヨウ素液を加えると青く発色する反応。②フェーリング反応はフェーリング液に還元糖を加え加熱すると酸化第一銅の沈殿を生成する反応。④銀鏡反応はアンモニア性硝酸銀液にアルデヒドを加えると銀の単体が析出し鏡状になる反応。⑤砂糖を160℃から200℃に加熱すると独特な香りと味を持つ褐色物質を生成する反応。

27　解答▶①　★

①「にがり」は、海水を煮詰めて得られる結晶で、主成分は塩化マグネシウムである。加熱した豆乳に「にがり」を添加すると、熱で変性した豆乳中のタンパク質にマグネシウムイオンが作用してゲル化させるため豆腐がかたまる。②硫酸カルシウムも豆腐の凝固剤として利用され、通称「すましこ」と呼ばれる、カルシウムイオンが作用するが塩化マグネシウムに比べ凝固速度が遅いので扱いやすい。③塩化カルシウムは豆腐の凝固剤としては使用されない、水分を吸収するので乾燥剤として利用される。④硝酸カリウムは豆腐の凝固剤としては使用されない。畜肉

加工時に発色剤として使用される。⑤グルコノデルタラクトンは豆腐の凝固剤として利用される。加熱するとグルコン酸に変化し、この酸によって大豆タンパク質が凝固する。通称「グルコン」「GDL」。

28　解答▶③　★

①酒粕の成分は水分51.5%、タンパク質14.9%、脂質1.5%、炭水化物23.8%、アルコール8.2%である。②粕床に使用した酒粕中のデンプンやタンパク質は自己消化し、糖やアミノ酸となる。③酒粕は清酒のもろみをしぼって、酒を分離した残りの固形分である。④粕漬けは酒粕のアルコールだけでは保存性が劣るので、粕床には焼ちゅうを添加する。⑤粕床に塩漬けしたシロウリ、キュウリなどの野菜を入れると粕床のアルコールや糖の濃度が低下するので、焼ちゅうや糖、みりんを添加する。

29　解答▶②　★★

梅は、酸の含量が4〜5%と高く、主に食塩の脱水作用や防腐作用のみを利用して②の梅干しがつくられる。①のぬか漬け、⑤のキムチ等は微生物の発酵や酵素の作用が利用され、③の南蛮漬け、④のピクルスは酢を添加してつくられる。

30　解答▶③　★★★

酢漬けは、水素イオン濃度（pH）が低い酸性領域で、微生物の増殖を抑える。①の塩蔵と②の糖蔵は、周囲の浸透圧を高めることにより微生物の増殖を抑える。④のくん煙は、くん煙成分の抗菌作用により微生物の増殖を抑える。⑤の氷温貯蔵は、-2℃の温度域で貯蔵する方法。

31　解答▶④　★★

①リンゴは皮ごと破砕・搾汁するのでショ糖脂肪酸エステル溶液を用いて洗浄する。②破砕・裏漉して目

の細かい布袋に入れ、搾汁率70〜75％程度まで圧搾・搾汁する。③搾汁する時、果汁の褐変を防止するため原料果実量に対しアスコルビン酸を0.1％添加する。④脱気した果汁にペクチナーゼを添加、作用させて清澄化する。⑤容器に充てんし、85℃で20分間処理して殺菌する。

32 解答▶① ★★

①0.6％塩酸溶液と0.3％水酸化ナトリウム溶液はミカン缶詰の製造工程の中でじょうのう膜除去の工程で使用する。②75％エチルアルコール液は消毒用として使用する。③リンゴ搾汁では0.1％になるようアスコルビン酸を加えて褐変を防止する。④リンゴ果汁の清澄化のため0.05％ペクチナーゼを果汁に添加して作用させる。⑤干しブドウを柔らかくするため３％の炭酸水素ナトリウムを含むオイルに浸ける。

33 解答▶③ ★★

③ショートニングとは、豚脂の代用として植物性油脂を原料に開発された加工油脂である。窒素ガスを混入した固体状以外にも液体状や粉末状のものも生産され、ほぼ100％が油脂成分で香りはほとんどなく、白色で無味無臭の油脂。①は成形ポテトチップス。②はかに風味かまぼこ。④はファットスプレッド。⑤はコーヒーホワイトナーの説明である。

34 解答▶⑤ ★★★

⑤ワーキングは、バター粒子を集めて、均一に練り合わせることで、食塩や水分を分散させ、安定した組織のバターを形成することが目的である。①はクリームセパレーターによる遠心分離。②はクラリファイヤーによる清浄化。③はプレートクラーを通して行う。④は60℃で30分間の殺菌、あるいは同等以上の効果が

ある方法で加熱殺菌することが定められている。

35 解答▶② ★★★

乳糖をガラクトースとブドウ糖に分解するので乳糖不耐性の人も利用（飲用）可能になる。①乳糖を乳酸に変化するため、pHが低下し、保存性が向上する。③乳糖を乳酸に変化するため、乳酸とカルシウムが反応し、乳酸カルシウムとなり、消化吸収率が向上する。④乳タンパク質がプロテアーゼの作用により、ペプチドからアミノ酸に分解され、消化吸収率が向上する。⑤乳糖を乳酸に変化するため、爽やかな酸味や発酵乳特有の香りが生成され、風味が向上する。

36 解答▶② ★★

ベーコンは、豚のバラ肉を原料とし、整形してから塩漬・水洗い・乾燥・くん煙したものである。通常の場合、塩漬は冷蔵庫で約１週間行う。その後、水洗いを約１時間、乾燥は、50〜60℃で６〜７時間、くん煙は55〜65℃で約７〜８時間程行う。

37 解答▶③ ★★

③のクエン酸やリンゴ酸などの有機酸のpHは、ゼリー化に大きく影響する。pHが3.6以上では、ゼリー化しにくくなる。①のショ糖や果糖などの糖類は、一般的に55％以上の糖度が必要である。②のアミノ酸は、ペクチンのゼリー化に直接関わらない。④のペクチンは、多糖類の一種である。⑤の糖度は、上がるほど微生物は増殖しにくくなり保存性は増す。

38 解答▶② ★

複合調理食品とは、幕の内弁当類、飲食店におけるランチ、調理パンなど、その中に複数の食品素材が組み合わされた調理済み食品をいう。①

は貯蔵性を付加された食品、③はグルテンフリー食品、④はプラントベース（植物由来）食品、⑤は発酵食品。

39　解答▶③　　　　★★

③のアスペルギルス オリゼは、こうじかびのことである。①はムコール ルーキシ、②はムコール プラシス、④はアスペルギルス ニガー、⑤はペニシリウム クリソゲヌムである。ムコール属は接合菌類、アスペルギルス属やペニシリウム属は不完全菌類に属する。

40　解答▶①　　　　★★

①アセトバクター アセチは酢酸を産生するグラム陰性の好気性細菌である。②は枯草菌で、好気性の芽胞形成グラム陽性菌で、自然界に広く分布する。③は腸内細菌科に属する日和見感染症の原因菌である。④は好気性の非共生的窒素固定菌である。⑤は嫌気性芽胞形成桿菌で、強力な神経毒であるボツリヌス毒を生成する。

41　解答▶⑤　　　　★★

テンペは大豆を原料とし、クモノスカビ（*Rhizopus*）属の微生物が関与するインドネシアの伝統的発酵食品である。インドネシアでは大豆を水浸漬すると乳酸菌による乳酸発酵が起こり、原料大豆が酸性になり、その後のクモノスカビ属の速やかな発酵に導入され、菌糸の成長による固形化と内容の成分の分解による大豆の軟化と旨み成分の生成がなされる。①②③④の原料、関与する微生物ではテンペは製造できない。

42　解答▶①　　　　★★

①糸状菌の生産するペクチナーゼ（ペクチン分解酵素）の作用により、細胞の構造を構成しているペクチンが分解され、組織軟化が起こる。②アンモニアの生成は腐敗臭となる。③粘質物の生成は肉や魚介及びこれらの加工品の表面にねばねばとした物質となる。④タンパク質の分解はプロテアーゼ（タンパク質分解酵素）の作用により肉や魚介及びその加工品で発生し、軽度な時は肉が軟化する。⑤米飯や麦飯などでは乳酸生成細菌類の発生により、酸味が生成される。牛乳では乳酸の生成によりヨーグルトやチーズが製造される。

43　解答▶①　　　　★

①は腸管出血性大腸菌で、牛や豚などの家畜の腸の中に生息する病原大腸菌の一つで、O157やO111などがよく知られている。毒性の強いベロ毒素を出し、腹痛や水のような下痢、出血性の下痢を引き起こす。腸管出血性大腸菌は食肉などに付着し、肉を生で食べたり、加熱不十分な肉を食べたりすることによって食中毒を発症する。乳幼児や高齢者などは重症化し、死に至る場合もある。②はウエルシュ菌、③はサルモネラ属菌、④はセレウス菌、⑤腸炎ビブリオ菌。

44　解答▶③　　　　★★

細菌性食中毒は、発生のしくみから、感染型食中毒と毒素型食中毒に大別される。黄色ブドウ球菌は食品中で増殖する際、毒素「エンテロトキシン」を産生する。潜伏期間は短い。調理従事者の手指に付着した菌により汚染されたおにぎりや弁当類での中毒が多い。①サルモネラ、②腸炎ビブリオ、⑤カンピロバクターは毒素産生型の食中毒菌ではない。④が産生する毒素は「ボツリヌス毒素」と呼ばれる。

45　解答▶⑤　　　　★★★

牛乳の酸度は、一定量の牛乳に指示薬であるフェノールフタレインアルコール溶液を滴下し、水酸化ナトリウム溶液で滴定する。牛乳が腐敗すると乳酸が増えることが知られて

おり、牛乳を滴定し牛乳の中の乳酸の量を定量することによって、その牛乳の新鮮度を知ることができる。①は、アルコール試験。②はゲルベル法による脂肪の測定。③はpHの測定。④は比重の測定。

46　解答▶③　★★

ソモギー変法は、還元糖によって硫酸銅を酸化第一銅に③の還元する性質を利用して行う分析方法である。還元糖とはブドウ糖（グルコース）、果糖（フルクトース）、麦芽糖（マルトース）のように還元性を示す糖を言う。ショ糖（スクロース）は還元性がない。①の発酵力、②の酸化力、④の分解力、⑤の吸水力を主に利用したものではない。

47　解答▶②　★★

ソックスレー抽出法の原理として、大部分の脂質が②のジエチルエーテルなどの揮発性溶媒に溶けることを利用して、試料中の脂質成分を抽出する。ジエチルエーテルは揮発性が非常に高いので火気厳禁とし、換気に十分注意する必要がある。

48　解答▶⑤　★★★

①鶏卵など一般的な名称で表示されている。②国産品は国産である旨が、輸入品は原産国名が表示されている。③国産品には養鶏場がある都道府県名や市町村名、その他一般に知られている地名で表示されていることもある。④賞味期限と保存方法が表示されている。⑤賞味期限を経過した後、飲食する際の注意事項などが表示されている。

49　解答▶②　★★★

②プレート式熱交換器は突起のある金属板をゴムパッキンではさみ、何枚も重ねた装置である。プレートの1枚おきに、ボイラで作られた熱水あるいは蒸気を流し、加熱される液も1枚おきに流れる。プレートの間隔が狭いので、この間を流れる液体は、短時間で所定の温度に加熱される。この方法により、牛乳、果汁、ビールなどの殺菌を130℃、2～3秒で行える。①はボイラ、③は冷凍機、④はアイスクリームフリーザー、⑤は揺動式殺菌機。

50　解答▶⑤　★

マヨネーズの主原料は卵黄であり、卵黄以外の可食部は菓子や水産練り製品に利用されるが、主成分が炭酸カルシウムの卵殻は土壌改良材に利用したり、水で練り成型して⑤のチョークとして再利用されている。また、樹脂の原料の一部やヘアケア製品・衣類の製造にも活用され始めている。

2022年度 第2回 日本農業技術検定2級 解説

（難易度）★：やさしい、★★：ふつう、★★★：やや難

共通問題 ［農業一般］

1 解答▶⑤ ★★★

「食料・農業・農村基本法」は、農政の基本理念や政策の方向性を示すものである。「食料・農業・農村基本法」第1条に明記されている食料・農業・農村政策の目的が⑤である。①②③④は第2条から第5条に掲げられている4つの理念である。

2 解答▶④ ★★★

供給熱量ベース：37％（2018年度実績）→ 45％（2030年度目標）、生産額ベース：67％（2018年度実績）→ 75％（2030年度目標）となっている。→令和12（2030）年度における品目ごとの食料消費の見通し及び生産努力目標が設定され、これらを前提として、総合食料自給率の目標は、供給熱量ベースで45％、生産額ベースで75％と設定された。

3 解答▶② ★★

①は商品をある位置から他の地点に移動させること。③は汚れ、破損、品質の劣化を 防ぐために、適切な材料や容器を商品に施すこと。④は顧客の要望に応じて商品価値を高めることや物流を効率的に行うために商品に加工を加えること。⑤商品を量的に管理すること。

4 解答▶③ ★★

①は食品トレーサビリティ確保のため、識別、対応づけ、情報の記録、情報の蓄積・保管、検証を実施する一連のしくみ。②小売店舗から、取引先などに対して、コンピュータネットワークを介して、商品の発注を行うシステム。④はEOS導入時、商品コード、通信手順などを、業界ごとに標準化したとり決め。⑤共同配送センターで、同一の温度帯で管理する商品ごとにまとめられ、各店舗に配送されるしくみ。

5 解答▶⑤ ★★

①は貨物を標準化されたユニットロードにすることによって、荷役を機械化し、輸送や保管などを効率化するしくみ。②は同一のパレットに物品を積載したまま出発地から到着地まで物流を行うこと。③クレーンを用いてコンテナを船に積み込む方式。④コンテナを積んだトレーラーやトラックが船に直接乗り入れる方式。

6 解答▶① ★★★

正しい経営成績、財政状態を表示するために行う、組織だった帳簿記帳の手続きを簿記一巡の手続きという。（ア）には仕訳帳（伝票）、（イ）には総勘定元帳、（ウ）には試算表、（エ）には貸借対照表、（オ）には損益計算書が入る。

7 解答▶② ★★★

取引要素の結合関係を示すと次のようになる。（1）予約注文を受けただけで、資産・負債・純資産の増減、収益・費用の発生がないので、簿記上の取引とならない。（2）費用（支払地代）の発生－資産（現金）の減少。（3）費用（肥料費）の発生－負債（買掛金）の増加。（4）資産（現金）の増加－純資産（資本金）の

増加。（5）費用（火災損失）の発生
－資産（建物）の減少。

8　解答▶③　★★

　まず、期首の資本を求め（3,600千
円－1,200千円＝2,400千円）、次に
期末の資本を求めて（2,400千円＋
600千円＝3,000千円）、そこから期
末の負債を求める（4,600千円－
3,000千円＝1,600千円）。

9　解答▶①　★★★

　「みどりの食料システム戦略」は、
農林水産省が令和3年5月に策定し
た、食料・農林水産業の生産力向上
と持続性の両立をイノベーションで
実現させるため、中長期的な観点か
ら戦略的に取り組む政策方針で、
2050年までに農林水産業のCO_2ゼ
ロエミッション化の実現を目指すと
している。

10　解答▶②　★★

　全国1,741市区町村のうち、1,694
市区町村で1,702の農業委員会が設
置されている（令和2年10月1日現
在、農林水産省調べ）。農業委員会
は、「農業委員会等に関する法律」に
より市町村に設置が義務づけられて
いる。

選択科目 ［作物］

11　解答▶②　★★

　①葉の第一葉には葉身（葉耳と葉
舌）がない。③止葉から数えて、上
から3葉目が最も長くなる。④出葉
の早さは生殖成長期になると遅くな
る。⑤イネの葉の地面からの角度が
大きくなると受光態勢はよくなる。

12　解答▶③　★★★

　①葉（葉身、葉鞘）、②節、④玄米、
⑤外穎（えい）頂部（ふ先）のほか、
籾（頴）、芒（のぎ、のげ）にはアン
トシアニンの着色が見られる。アン
トシアニンは植物界において広く存
在する色素で赤や青、紫を呈する水
溶性の色素群である。

13　解答▶④　★

　①水田1日当たり減水深（透水性）
は20～25mm程度にする。②極端な湿
田を除き、すき床層は壊さない。③
稲わらや刈り株の焼却は環境汚染に
つながるため避け、貴重な有機物供
給になるため、水田へのすき込みが
望ましい。⑤田面の高低差は3cm程
度と極力少なくする。

14　解答▶③　★

　消毒が済んだ種もみは、発芽ぞろ
いをよくするために水につけて吸水
させる。これを浸種といい、
10～15℃の低温の水で7～10日程度
行う。浸種開始からの積算水温が
100℃・日となるのが目安である。
したがって、100℃÷10℃＝10日と
なる。実際は種もみが吸水活動をは
じめるまでの時間も加わるため、若
干長くなる。

15　解答▶⑤　★★

　水田の隅に仮植えされている補植
用の苗（取り置き苗）は、病害虫の
巣になりやすいため、補植が終わっ
たら、なるべく早く適正に処分する
ことが望ましい。

16　解答▶②　★★★
　①田植え後の初期除草剤は湛水（たんすい）状態でないと効果が発揮されない。③湛水により、低温や風の影響が軽減される。④落水状態では土壌が酸化状態になり、還元状態で発生する有害ガスの発生が抑制される。⑤苗の活着は湛水状態で促進される。

17　解答▶③　★
　追肥方法（時期、量、深層追肥など）は食味に影響する。①同じ品種でも土壌、栽培方法で食味は異なる。②登熟期の温度が高いと品質食味を下げる。④多水分もみの強制乾燥は食味を低下させる。⑤貯蔵中の玄米水分は食味低下に大きく影響する。

18　解答▶④　★★
　用水での流入を早期に発見し、水田に流入しないように努めることが大切。少量流入してしまった場合、落水し、土壌表面に留めて酸化分解を促進させる。臭気の除去は困難。当面の期間は、イネの生育状況を観察し、追肥や農薬散布等は行わない。

19　解答▶①　★★
　②ジャンボ剤は藻類の発生が多発している場合は散布しない。③小包装（パック）のジャンボ剤はそのまま投げ入れる。④フロアブル剤は原液で使用する。⑤顆粒水和剤はあらかじめ調整した希釈液として使用する。

20　解答▶⑤　★★
　①イネ出穂期頃の除草は、特に斑点カメムシ類の被害を増加させる危険性が高い。②畦畔雑草の根を枯らすと畦畔が崩れやすくなる危険性がある。③薬剤を飛散してイネが枯れるなどの影響がある。④畦畔雑草は病害虫や難防除雑草が圃場侵入の危険性がある。

21　解答▶⑤　★★
　①乳白米は内部に広く白色を呈する粒、②茶米は粒表面が茶褐色を呈する粒、③死米は成熟後期に実りが悪くなったもの、④背白米は背側（胚の反対側）が白色を呈する粒をいう。

22　解答▶①　★
　②乾燥機で急激に高温乾燥すると品質や食味を悪くする。③仕上げ乾燥は、14.5〜15.5%程度。④他品種の混入を避けるため、品種を変えて乾燥・調製するときは、施設の清掃が必要である。⑤乾燥をしすぎると米粒が割れやすくなり胴割れ米や砕け米が増えて品質が悪くなる。

23　解答▶②　★★★
　①粗玄米収量は低く、地上部全体を発酵させ飼料とする。③食用イネより栽培期間が短く、作付面積は増加傾向にある。WCS作付面積（H20 0.9ha）（R3 4.3ha）④食用イネより早く収穫され、籾に農薬が付着することで籾の農薬の残留濃度が高く、食用イネとは異なる農薬使用基準である。⑤遊休水田で栽培が可能な飼料として国土の有効利用と飼料自給率の向上に役立つことが期待されている。

24　解答▶④　★
　①水田裏作としてムギを栽培するには、冬季の地下水位が40cm以下に下がり、畑状態となる田を選ぶことが望ましい。②コムギの種子選別は1.22g/cm²の食塩水を用いて塩水選を行う。③黒ボク土などの火山灰土壌では、過リン酸石灰やようりんなどのリン酸質資材を土壌診断に基づいて投入するとよい。⑤窒素は流出しやすく、冬季の吸収が少ないので基肥は30〜70%で施し、残りは分げつ肥、穂肥などに分け、リン酸やカリは土壌流出することが少ないので全量を基肥として施肥する。

25 解答▶② ★★★

①秋播性程度は生育初期に花芽分化するために必要とする低温の程度の違いを表す指標で、Ⅰ～Ⅶの7段階中、春播性品種はⅠ、Ⅱ、中間品種がⅢ、Ⅳ、秋播性品種はⅤ～Ⅶである。②リビングマルチはこの座止現象を利用している。③受粉した花粉が種子の胚乳の特質に影響を与える現象のことである。④稲作における初期は生育旺盛だが、中・後期の生育は貧弱となり当初期待していたほど収量があがらない現象のことである。⑤足やローラーで地上部を鎮圧することで、根張をよくすること、霜による根の浮き上がり、分げつ増加、倒伏防止などの効果がある管理作業である。

26 解答▶③ ★★

施肥が原因の倒伏として、窒素の施用量が多いと草丈が伸びて倒伏しやすくなる。

27 解答▶③ ★★★

写真の害虫はムギクビレアブラムシである。①出穂前は稈（かん）や葉に寄生して吸汁する。②出穂後の穂から吸汁することにより、穂重の減少に影響することがある。④多発時に薬剤で防除する。登録薬剤にはスミチオン、モスピランなどがある。⑤1穂当たり寄生頭数はバラツキが大きく、1穂当たり10頭を超える場合でも周辺の穂にほとんど寄生しないこともあり、捕食性天敵によりアブラムシの増加を抑制することがある。

28 解答▶① ★★

②ビール用のオオムギを除き、粒水分が30％以下になったら収穫を行う。17％以下では脱粒が生じる。③収穫後は粒水分を12.5％以下に乾燥する。④乾燥穀温は40℃以下として乾燥する、⑤ビール用の麦類は雨に

当たらないようにする。

29 解答▶④ ★★★

幼穂形成期頃に鮮明な黄色～黄褐色の条斑となる。この条斑はコムギ生育にともなって順次上位葉にも出現して止葉に及び、症状の激しい株は出穂前に枯死する。葉身の条斑は必ず葉鞘の条斑とつながって生じる。①葉にうどん粉状の病斑が生じる。②地際部の茎に紡錘状で眼形の病斑を生じる。③早熟して白穂となり、地際部の葉鞘は黒変腐敗する。⑤穂の一部が褐変し、穎（えい）に合わせて目に桃色～橙色のカビを生じる。

30 解答▶④ ★

ポップ種はほとんどが硬質デンプンで、胚のまわりに軟質デンプンがある。軟質デンプンは水分含量が多いので、加熱すると胚乳部が爆裂して飛び出す。菓子用（ポップコーン）としての利用が多い。

31 解答▶① ★★

①トウモロコシの仲間は茎、葉、根が光合成に優れた機能、構造を持つ。C3植物に比べて光合成速度が速いC4植物である。②雌雄異花の植物で、他家受粉して受精する。③分げつを残すことで根量や葉面積が増加し、養分吸収と光合成が盛んになる。分げつを取り除かない無除げつ栽培が一般的である。④イネ科1年生の草本である。⑤受粉後、ほぼ1昼夜で受精し、4～5日で粒が肥大を始める。

32 解答▶③ ★★

①トウモロコシの品種はほとんどがF1品種であるため、基本的に種子は毎年更新したものを用いる。②吸肥性の高い作物であるが、他家受粉であるため、生育に支障がでない程度の密植でないと不稔を生じるおそれがある。④一般に、雄穂分化期

以降の中耕は、根を傷めるおそれがあるので控えたほうがよい。⑤害虫には、アワノメイガやアワヨトウなどがあげられるが、植物体に侵入した後では効果的な防除ができないので、早期の対応が望ましい。

33 解答▶④ ★★
①一般に、前作はイネ科作物が望ましく、マメ科作物の連作は避ける。②暖地では側枝が多く繁茂する晩生種を疎植にし、寒冷地では側枝が少なく、あまり繁茂しない品種を密植すると多収の傾向がある。③根粒菌の働きにより、窒素施用量は少なくてすむが、根粒菌の働きをより活発にするためには有機物を施用するとよい。⑤ダイズを侵す病害虫はきわめて多く、薬剤散布は欠かせない。

34 解答▶⑤ ★★★
①豆腐用にはタンパク質含量の高い品種。②みそ用には高炭水化物で、中粒の品種。③煮豆用には高炭水化物で、大粒～極大粒の品種。④納豆用には高炭水化物で、極小粒～中粒の品種が良いとされている。

35 解答▶③ ★★★
①開花期、着きょう期は低温が続くと落花、落きょうが多くなる。②水分不足が落花、落きょうを多くする。④ダイズは花の発達過程での落花、結実後の落きょうが多い作物である。⑤ダイズの結きょう率はふつう20～40％である。

36 解答▶① ★★
②寄主作物は限られる。③連作を避けることによって多発生を未然に防止できる。④ダイズには抵抗性品種が育成されている。⑤クロタラリア、クローバ等の栽培は土中に生息するダイズシストセンチュウを低減する効果がある。

37 解答▶② ★★
①植付け１か月程度前に、種いも

に十分光を当てて15℃前後に保って萌芽を促すこと。③内生休眠の時期を過ぎると萌芽ができるようになるが、萌芽に適した環境でないと萌芽しない。④サツマイモ栽培における窒素が多く茎葉が繁茂しすぎて塊根形成が抑制される現象。⑤サツマイモなどの収穫時についた傷口にコルク層を形成させて病原菌の侵入を防ぐ作業のことである。

38 解答▶⑤ ★★
種いもを切った後に消毒すると、薬害が出やすい。①適切な条件で、芽欠きした茎葉は植え付け栽培可能。②余った種いもは食用には供してはいけない。③貯蔵中の芽は早めに除去することが望ましく、放置するといもの養分が消耗する。④緑化した種いもは問題なく使用可能である。

39 解答▶⑤ ★★
①萌芽直後は単葉が２～３枚出て、その後は複葉が展開する。②多湿な土壌を好まない。③いもの肥大に最も影響する成分はカリウムである。④皮目肥大は土壌水分の過剰により発生しやすい。

40 解答▶⑤ ★★
①光合成の速度は20℃前後で最もはやくなり、25℃以上になると遅くなる。②ジャガイモは収穫直後のいもを畑において強い日差しに長時間あてると、暗い所で保管しても緑化してしまうので、注意が必要である。③ジャガイモ栽培では、えき病が最大の病害で、地上部からり病し地下部に侵入していもに感染すると収穫後保管中に腐敗したり後作への感染源となったりする。④小さないもでも全部収穫しないと後作の雑草となったり、えき病感染源になったりするので収穫に注意が必要である。

41 解答▶④ ★

①ほう芽前に土壌表面を軽く耕起すると地温が上昇する。②土寄せによる土壌の乾燥はない。③土寄せは出芽直後や出芽後15〜20日頃から着らい期頃までに2〜3回に分けて行う。⑤病害虫の発生を助長しない。

42 解答▶④ ★★

①有害成分はいもの外皮に多く含まれる。②果実はトマトやナスと異なり、毒性が強い。③炭水化物、タンパク質、ビタミンCを多く含む作物である。⑤デンプン含量はいも比重と密接な関係があり、比重が高いほどデンプンを多く含む。

43 解答▶② ★★

写真はジャガイモに食害を与えるオオニジュウヤホシテントウである。①ナス科の農作物に食害を与える。③ジャガイモでは芽が出たところで成長の良い株に越冬成虫が飛来し、食害しながら産卵する。④強い被害を受けた部分は枯死し、次第に被害は株全体に広がる。⑤土中に潜ったり、塊茎の食害はないが、葉を食い尽くすことにより成長遅延や塊茎の肥大阻害などの大きな被害が出る。

44 解答▶③ ★★★

葉に暗緑色のぬれた病斑が扇状に拡大し、裏面には霜のような白いかび（胞子等）が発生する。①茎が溶けるように腐敗。②同心円状の病斑。④⑤は葉の食害痕がみられる。

45 解答▶④ ★★

ジャガイモの植え付け作業でこの播種機は種いもを自動でカッティングする装置を備える。ほかはどれも異なる作業機を使う。

46 解答▶⑤ ★

①サツマイモはジャガイモとは異なり、芽が出たいもでも食用可能。②皮には有害物質は含まれていない。③開花と収穫時期とは関係が少なく、通常開花はまれで、干ばつ等の気象災害により花が咲く場合がある。④肥料要求性は極めて低く、過剰にある場合、いもが肥大せず、茎葉が繁茂する「つるぼけ」状態になりやすい。

47 解答▶② ★★★

農林水産省「令和2年度いも・でん粉に関する資料」によると、①デンプン用は76,581t ②生食用355,070t ③加工食品用86,168t、④アルコール用139,083t、⑤種子用11,344t。戦後はデンプン原料用として多く栽培されていたが、1970年代に安価なコーンスターチが輸入され、生産量は減少し、市場販売用の青果生産が多くなった。2003年頃から焼酎の原料として需要が高まり、デンプン原料用を上回る生産量となったが近年は減少傾向にある。

48 解答▶② ★★

①サツマイモはヒルガオ科である。③植え付けから活着までの間は十分なかん水を必要とする。④茎葉を繁茂させすぎると「つるぼけ」になり、収量が減少する。⑤茎葉が地上部を覆うほど繁茂する前の生育初期〜中期にかけて1〜2回の防除が必要である。

49ほ 解答▶① ★

圃場の全面に肥料等を散布する機械でブロードキャスタといわれる。多くの圃場作業で使用されている。近年はICT技術によりトラクタのGNSSガイダンスシステムと連動して生育に合わせた可変施肥が可能である(写真：KUHN ファテライザースプレッダー AXIS40.2)。ほかはいずれも異なる作業機を使う。

50 解答▶③ ★★★

①②④⑤ RACコードは農薬の作

用機構（効き方の仕組み）による分類を表したもので、農薬製造会社の国際団体 CropLife International (CLI)が取りまとめたものである。殺菌剤は FRAC コード、殺虫剤は IRAC コード、除草剤は HRAC コードに分けられている。

選択科目［野菜］

11　解答▶⑤　　　　★★

セリ科特有の複散形花序で小さな白色の花を放射状に多数つける。写真はニンジンの花。

12　解答▶③　　　　★★★

写真はダイコンの幼苗で、ハート形の双子葉であるためアブラナ科の植物であり、同じ科の③ハクサイが正解となる。

13　解答▶④　　　　★★

ナス科である①②は、ある程度生育すれば、温度や日長にかかわりなく花芽ができ栄養型、③ダイコンは低温（種子春化型）、⑤レタスは高温により花芽分化が促進される。

14　解答▶⑤　　　　★★★

カルシウムは植物体内で移動しにくいため、欠乏症状は新葉に現れる。空洞果は不完全な受精が原因で直接の関係はない。高温・乾燥は植物のカルシウム吸収と移行を阻害する。

15　解答▶③　　　　★★

①及び②は発芽に光の影響を強く受ける種子のことである。④低温、高温、過湿など不良環境での発芽率を高め、早くて均一に発芽させる処理のことをプライミングという。⑤アブラナ科やキク科などの微細な種子、非球形の種子を粘土鉱物や高分子化合物などで被覆して、播種機に適応した球状に整形した種子のことである。

16　解答▶③　　　　★★★

トマトは頂芽の伸長が停止し側枝が主軸のように発達する仮軸分枝という側枝の発生様式をとる。①第1花房以降は3節ごとに花房をつける。②加工用品種など心止まり型の品種も存在する。④主枝に本葉8〜9枚程度つくと、頂端に花房を分化する。⑤トマトの花房は常に同じ方

向につく。

17　解答▶② ★★
　"葉脈間の黄化"はマグネシウム欠乏によくみられる症状、①カリ欠乏は葉縁から黄化して縁枯れを呈する、③④⑤はいずれも主に新しい組織から症状が発生するため、障害は先端部に現れる。

18　解答▶④ ★★
　トマトの空洞果の防止には、ジベレリンが有効である。着果促進には合成オーキシンの4－CPAがトマトでは用いられる。エチレンは落葉・落果に関与し、アブシジン酸は樹木の芽の休眠に、サイトカイニンは細胞分裂を促進する植物ホルモンである。

19　解答▶② ★★
　白ぶくれ症状はヒラズハナアザミウマやミカンキイロアザミウマの子房内部の産卵が原因で被害部がふくれる。①カメムシの吸汁跡は果実の色は薄くなるがふくれない、③食害被害は果実に孔が空く、④スス病は果実が黒く汚れる、⑤2～3mm程度のリング状の白色斑点状を呈する。（部位がふくれることはない）

20　解答▶⑤ ★
　①光飽和点5～6万lxでスイカほど強い光は必要としない、②根は浅根性で酸素要求量は高い、③好適pH6～7で酸性には弱い、④雄花・雌花・両性花の3種類の花がある。

21　解答▶① ★
　キュウリの接ぎ木で台木用のカボチャを用いるが、台木用カボチャの品種を選ぶことで、つる割れ病の耐病効果とブルーム（果粉）抑制も可能である。

22　解答▶① ★
　ナスは雌雄同花で、花の素質は生育に影響を受ける。草勢が強く、生育がよいときは、花が充実して長花柱花となる。長花柱花は花柱が長く、柱頭が葯（やく）の上に位置して、柱頭が葯同じか下に位置する中花柱花や短花柱花に比べて受精しやすい。また良品質の果実が期待できる。

23　解答▶⑤ ★★
　石ナス果は低温による花粉の発芽・伸長不良で完全な受精ができないことによる、つやなし果は果実への水分の転流不足が主な要因。日焼け果は直射日光による果実表面温度の上昇で組織が壊死した場合に発生する。

24　解答▶③ ★
　虫媒花であり受粉しないとそう果（種子）ができず、花床（イチゴの果実）の肥大が悪く奇形果となるため。

25　解答▶③ ★★
　苗を日よけ（シェード）した施設に冷房装置を設置して、移動可能なベンチにて育苗を行う。日中は太陽光にあてるが、施設への格納時間を操作することにより、低温・短日条件を人為的におこない、花芽分化を促進させる夜冷育苗という。
　イチゴの花芽分化は低温、短日、窒素栄養小で促進される特性を生かし、早期出荷を目的としている。

26　解答▶④ ★★
　菌核病、灰色かび病、うどんこ病は、いずれも糸状菌が原因となる。イチゴの果実表面が茶褐色に変色し灰色のかびが認められるので、白色綿毛状のかびを呈する菌核病とは異なる。⑤の説明は正しいが、症状から明らかにうどんこ病とは異なる。

27　解答▶① ★★★
　トウモロコシはもともと短日植物であったが、スイートコーンは感温性が高い作物となっている。②吸肥力は強い。③分げつ（側枝）雌穂の肥大に役立ち、省力的な除げつ栽培

が一般的である。④雌穂は2〜3個形成する。⑤雌穂よりの雄穂のほうが早く開花する（雄性先熟）。

28 解答▶⑤ ★

スイートコーンは風媒花であることから1列に長く植えるより、複数列に植えて、どの方向からの風にも互いの株の花粉が、まんべんなく雌穂にかかるようにすると実入りがよくなる。

29 解答▶③ ★★

キセニア現象は、花粉親の影響が子実の形質にあらわれる現象で、食味や品質の低下をまねく。防止するためには、異なる品種を栽培する場合などでは隣接する畑と適当な距離を保ったり、開花時期をずらしたりする工夫が必要である。

30 解答▶③ ★★

写真は穴を開けた台木に穂木をさし込むさし接ぎで、スイカなどで用いられる。①穂木・台木とも斜め（25〜30°）に切りチューブで固定する、②V字にカットした穂木を縦に切り込みを入れた台木にクリップ等で固定する、④台木は上から下、穂木は下から上に切り込みを入れてかみ合わせて固定する、⑤瞬間接着剤等で固定する、機械による接ぎ木法に応用される。

31 解答▶③ ★★★

品種や栽培条件によっても異なるが、一般的には小玉種が約800度、大玉種が約1,000℃といわれ、交配から収穫までの目安では、平均気温を20度とすると、小玉種が40日、大玉種が50日となる。

32 解答▶⑤ ★★

ネット系メロンは、縦方向に伸長してから横方向に肥大し、その過程でネットを形成する。よってAを残して、BとCを摘果する。将来、Bは縦長でネットが出にくく、Cは

へん平果になりやすく小玉傾向となりやすい。

33 解答▶③ ★

①ダイコンの品種群である。②ハクサイの結球の仕方の違いによる品種系統である。③ホウレンソウの品種系統である。④ネギの品種群である。⑤トウモロコシの品種系統である。

34 解答▶② ★★

さび病の病斑で病原は糸状菌・担子菌類である。おもに葉身に発生し、紡錘・楕円形の小斑点を多数形成する。表皮が破れ橙黄色粉状の胞子が飛散する。発病の激しい場合、葉全体に病斑が生じ、葉は黄白色になり枯死する。春期と秋期が比較的低温で降雨が多い場合に多発しやすい。また、肥料切れして生育が衰えると発病しやすい。

35 解答▶③ ★

①②キャベツ・レタスとも明発芽種子（好光性種子）に分類される。②④キャベツはアブラナ科、レタスはキク科の植物である。⑤病原菌による根こぶ病は、おもにキャベツなどのアブラナ科が罹病する。レタスの根こぶはセンチュウによる被害のものが多い。

36 解答▶② ★★★

開花は花芽分化と花芽の発育・開花の条件に分けて考える。以下、次の野菜が該当する。①トマト・ナスなど中性植物、②ダイコン・ハクサイなどは種子春花型、③キャベツ・ブロッコリーなどは緑色植物春花型、④はレタス、⑤はイチゴの説明である。

37 解答▶⑤ ★

地上部の倒伏は、タマネギが成熟したしるしで、収穫期の目安となる。りん葉（貯蔵葉）ができ、葉数が増加しなくなると葉鞘内部が空洞にな

るため、葉を支えられなくなり倒伏する。葉タマネギを除きこれが収穫期の目安となる。

38 解答▶⑤ ★★
ダイコンはホウ素を多く必要とし、欠乏すると根の表面に亀裂が生じ褐変したり、芯部が褐色になるような症状を呈することが多い。

39 解答▶① ★★
写真はマリーゴールドの栽培であり、センチュウのなかでもネグサレセンチュウの防除効果が高い。②主目的はセンチュウ対策である。③根コブ病の予防には効果がない。④ソルゴーなどイネ科作物のような効果はない。⑤キスジノミハムシにはエンバクをすき込むと効果がある。

40 解答▶④ ★★
植付け本数は栽培面積÷（うね間×株間）で算出される。8a＝800m^2。
　800（m^2）÷（0.8m×0.5m）＝2,000（本）

41 解答▶④ ★★
写真はウリハムシ。ウリハムシの成虫は、葉の表面等に浅く輪状（円形）の食害痕を残す。

42 解答▶① ★★
物理的防除法とは病原菌や害虫の生存に不適切な条件下で殺滅させる方法や、各種資材を活用して病害虫との接触を遮断したり害虫の行動を制御する方法である。②③は生物的防除法、④⑤は耕種的防除法に分類される。

43 解答▶④ ★★
クサカゲロウの卵。クサカゲロウは、幼虫のエサになるアブラムシのいる場所に産卵し、ハダニも捕食する。①はホオズキカメムシ、②③⑤はガ類の卵。

44 解答▶③ ★★
ある野菜で季節を変えて栽培するとき、品種選定を含めて、種まきから収穫までの栽培計画と一連の技術体系を作型という。それぞれ、①は早熟栽培、②は促成栽培、④は抑制栽培、⑤は長期栽培の説明である。

45 解答▶② ★★
ロックウールは高温融解した岩石を繊維状にしたもので無病無菌の培地として利用される。固相率は約4％、孔隙（こうげき）率は約96％。一度乾燥すると吸水しにくくなるため、使用する前には十分に飽水させる。

46 解答▶③ ★★★
夜間の暖房による温度の変化は、温水(湯)暖房機では温湯パイプ内の水の比熱が大きいため温度の上昇および下降が緩やかであるが、温風暖房機は空気を暖めるため、温度の上昇および下降が短時間である。

47 解答▶② ★
高密度で栽培でき天候に左右されない閉鎖型育苗施設は、施設が小さいためランニングコストが相対的に低くなり、年間を通した利用が望ましい。育苗には、光、温度、給液コントロールと、CO$_2$の施用が望ましい。

48 解答▶③ ★★★
紫外線カットフィルム（UV＝ultraviolet）カットフィルムは、微小害虫の行動抑制、灰色カビ病の胞子形成阻害効果が認められている。①②④は逆の現象が得られる。⑤はポリオレフィン（PO）系でも調光フィルム（散乱光フィルム）の機能性である。

49 解答▶③ ★★
フェンロー型温室はオランダで開発され、採光性を重視した細い構造部材が使用されている。初期の軒高は2.5m程度であったが、徐々に高められ5m以上のものもある。特

に軒高の増大など大きな栽培空間の確保は収量・品質の向上、施設装備・管理技術の改善に貢献している。

50 解答▶③ ★★

重油・軽油・灯油等の燃料を使用し、燃焼ガスの熱を空気に直接伝えてできた温風を、送風ファンによってダクトを通じて強制循環させる方式の温風暖房機である。

選択科目［花き］

11 解答▶② ★★

カトレアは着生ランのため、排水性と保水性がよい水ごけを用土に用いる。安価なバークも使われる。

12 解答▶① ★★

コスモス、ハボタン、ヒマワリ、ペチュニアは一年草、カンパニュラは二年草、アジサイ、バラは花木、ユリ、フリージアは球根類、キクは宿根草に分類される。

13 解答▶④ ★

写真はマリーゴールドで、春まき一年草に分類される。開花期が長く丈夫で育てやすい。フレンチ系とアフリカン系がある。

14 解答▶① ★★

セントポーリア、バラ、パンジーは中性植物、カーネーションは長日植物である。

15 解答▶③ ★★★

ダリアの球根は茎の基部から肥大根が伸びたもので、茎の基部の芽を付けて分球する。

16 解答▶② ★★

①一年草、②球根類、③宿根草、④ラン類、⑤花木。

17 解答▶③ ★★

キョウチクトウ科ニチニチソウ属の一年草。夏の暑さに強いため、夏の花壇に用いられる。花がらは自然に散る。

18 解答▶④ ★★

写真の球根はスイセンであり球茎に分類される。

19 解答▶⑤ ★★★

⑤はキキョウ（宿根草）。①グラジオラス（球根類）、②トルコギキョウ（一年草）、③ストック（一年草）、④パンジー（一年草）である。

20 解答▶③ ★★★

エラチオールベゴニアはベゴニア

ソコトラナと球根ベゴニアの交配によって作られたグループで、色彩もカラフルで人気があるが、高温と低温に弱く管理には注意を要する。

21　解答▶④ ★★

写真はアルストロメリア。南アメリカを原産とし、5〜7月に咲く球根植物で、切り花や花壇材料など多方面に利用されている。

22　解答▶① ★★

写真はクワ科のベンジャミンゴムノキで、さし木で繁殖が可能、斑入りの品種やスタンダード仕立てに人気がある。

23　解答▶④ ★★★

光合成速度は光強度に比例して上昇するが、光合成速度と呼吸速度を合計したものが真の光合成速度である。

24　解答▶② ★

植物体の組織の中で、茎頂はウイルスの感染度が低いので、茎頂の培養から得られる苗はウイルス感染の確率が低くなる。

25　解答▶④ ★★

花芽分化は発芽後に始まる。球根の低温処理によって開花が早まる。栽培温度が高いほど花数は少ない。球根は乾燥に弱い。

26　解答▶④ ★★★

プリムラ類は暑さに弱く寒さに強い。ポリアンサやオブコニカは長日で開花が早まる。プリムラ類の多くは北半球の温帯地方に自生している。明発芽種子である。

27　解答▶③ ★★

ベゴニアセンパフローレンスは日長条件に対しては中性で、一定の温度が保たれれば周年開花する四季咲きである。

28　解答▶① ★★

洋ランの花は進化して特殊な構造を持っており、(A) は①唇弁〔リッ

プ〕。花は花弁〔ペタル〕、がく片〔セパル〕、ずい柱〔コラム〕から形成されている。ずい柱にはおしべとめしべがある。バルブは偽球茎ともいい、茎の一部が肥大したものである。水分や栄養を蓄えた、いわば貯蔵タンクの役割を持っている。

29　解答▶① ★★★

アザレアはツツジ科の植物で弱酸性の土壌を好む。

30　解答▶④ ★★★

①②は種子繁殖、③⑤は株分け又は組織培養が主に用いられる

31　解答▶② ★

サルビア、ジニアは暑さに強く夏花壇に利用されている。パンジー、ビオラ、ハボタンは、おもに晩秋から冬花壇に利用される。

32　解答▶⑤ ★

さし穂の切り口からの吸水量と葉面からの蒸散量のバランスがとれていれば、枯死しない。発根を促す植物ホルモンは葉で作られるため、さし穂の葉数はある程度は必要である。

33　解答▶③ ★★

秋ギクは質的短日植物であり、短日条件で花芽分化が促進される。花芽分化は温度の影響を受け、高温で抑制される。電照栽培では夜間の暗期中断電照を行うことで長日条件とし、分化抑制している。花芽分化させたい時期の日長が長いときは、シェードを朝夕にかけて短日条件にすることで、花芽分化させることができる。

34　解答▶③ ★

秋に出荷するパンジーは夏期（7月下旬〜8月下旬)に播種されるが、発芽適温は15〜20℃なので、できるだけ涼しい場所で管理する必要がある。

35　解答▶① ★

植え床などに穴の開いたかん水チューブを通し、水を通すことで一斉にかん水する。

36　解答▶③ ★★★

DIFとは、昼温から夜温を差し引いた値のことである。昼温が夜温より高ければプラス、低いとマイナスで、マイナスで管理すると草丈が低くなる。①CECは、土壌の養分保持の働きを示す陽イオン交換容量のこと、②IPMは、雑草の管理を含めた総合的病害虫管理のこと、④ECは、電気伝導度のことで土壌中にあるいろいろなイオンの総量を表し、⑤pHは、溶液などの酸性・アルカリ性を示す尺度のことである。

37　解答▶② ★

ピートモスはミズゴケなどが長期間低温・酸欠状態で堆積したもので、繊維質で通気性や保水性に富むが肥料分は少なく酸性である。

38　解答▶③ ★★★

酸度の強い用土を順に並べると、水ごけ・ピートモス・鹿沼土＞赤土・腐葉土＞バーミキュライト＞パーライトである。

39　解答▶③ ★★★

このこぶは根頭がん腫病である。バラの根頭がん腫病はアグロバクテリアという細菌が原因で発病する。カルスと似ているがカルスがはく皮できないのに対して患部が手で比較的容易に崩れる。発病株は直ちに焼却処分をするとともに、土壌中に菌を残さないよう用土を入れ替える。

40　解答▶② ★★

温室内のCO2濃度を高めて、光合成を促進させ、バラの生育を向上させる。

41　解答▶① ★★

写真はアザミウマ（スリップス）の被害を受けた花弁である。アザミウマ（スリップス）は、花や芽のすき間に入り込み、花弁に白い脱色はん、葉にケロイド状の食害痕を与える。

42　解答▶④ ★★

写真は灰色かび病であり、15℃以下の低温と70%以上の空中湿度で多発する。室内を清潔に保つとともに15℃以上に加温し換気に心がける。

43　解答▶④ ★★★

葉腐細菌病は、発生すると防除が困難な病気の一つである。葉・芽および塊茎に、水にぬれて透き通ったような斑点を生じ、拡大してやがて腐敗枯死する。種子消毒と鉢、用土の消毒、病気の株は処分するなどして防除する。

44　解答▶② ★★★

発根を促すため、植物ホルモンのオーキシンの一種であるナフタレン酢酸やインドール酪酸などが用いられる。

45　解答▶① ★

STS（チオ硫酸銀錯塩）は銀を主成分とするエチレン阻害剤で、エチレンの作用や生成を抑制して、エチレンによる老化を防ぐことで日持ちを向上させる。植物のエチレン感受性により効果が異なり、感受性の低いキク等では効果は低い。前処理剤として収穫直後の水揚げで使用することで効果が高い。

46　解答▶② ★★

1%溶液は1L中に10gの溶質を含むものであり、ジベレリンを0.4%含む液剤は1L中に4gのジベレリンを含んでいる。これは4000mg/L、すなわち液剤は4000ppmであることを示す。これを40ppmとするためには、4000÷40＝100で100倍に希釈すればよい。②以外は桁違い。（1ppmは1mg/L）

47　解答▶⑤　★★
　ナタネ油かすの窒素含有量5％（0.05）× X（何kg）＝2kg（窒素量）、何kg＝2kg÷0.05＝40kg

48　解答▶⑤　★★★
　現行の種苗法では、育成者権の存続期間は25年（永年（木本）性植物は30年）である。

49　解答▶③　★★
　花き栽培にとって夏の高温期の管理が製品の品質を左右する。冷房装置の使用や換気扇、寒冷紗による遮光などが行われている。シルバー寒冷紗の遮光性は黒寒冷紗よりも劣るが白寒冷紗よりも優れる。また、遮熱性は黒寒冷紗よりも優れるが白寒冷紗よりも劣る。

50　解答▶⑤　★★
　写真は温室加温用に使用される温風器であり、燃焼は灯油や重油が使用される。

選択科目［果樹］

11　解答▶②　★★
　「高接ぎ」は植え替えずに短期に品種更新ができるが、一般的には苗木生産のために台木に穂木を接ぐことが多い。この場合、地面に近い＝低い位置である。それに対し、高接ぎは、植えられている樹の枝を切り、そこに穂木を接ぐ。つまり、地面から離れた高い位置で行われるからである（低接ぎという用語はない）。①の目的は摘蕾（芽）、③は訪花昆虫による受粉、④は防虫網、⑤は元肥（基肥）である。逆に、①摘果は余分な果実を摘み取り落とすこと、③人工受粉は人為的に受粉すること、④防風網は防風林の代わりに4mm程度の網目のネットで強風を和らげる方法、⑤礼肥は収穫直後に樹勢回復等のために速効性窒素肥料を少量施肥するもの。

12　解答▶④　★★★
　カンキツは常緑の亜熱帯果樹のため低温に弱く、そのため冬季の最低気温が気象的な栽培制限要因となる。岩手県でユズ、山形県ではスダチが栽培されているが、一般的にカンキツでは冬季の最低気温が-5℃以上の所が適地である。温州ミカンの場合、年平均気温が15.5℃以上と言われるが、これは販売できる品質の良いものが生産できる経済的栽培適地温度である。それに対し、-5℃は寒さにより、樹が落葉、枯死する温度であり、これ以下の地域では栽培ができない指標温度である。

13　解答▶②　★
　生理的落果とは強風や病害虫等による落果でなく、最大の要因は、着果過多である。また、前期落果は梅雨時に落果が多いため、ジューンドロップ「6月落果」といわれ、不受

精による落果と共に日照不足等も大きく関係している。後期落果は収穫前の落果である。①病害虫のための薬剤散布であり、落果とは直接関係ない、③多く着果すれば、樹にとって負担となり、自然に落果（生理的落果）が多くなる、④窒素過多は徒長的成長となり、果実との養分競合による落果が多くなる。⑤土壌水分が過剰になれば根が傷んで落果が多くなる。

14 解答▶④ ★

果実が多く成る年（表年）と少ない年（裏年）が交互に繰り返されるのが隔年結果である。隔年結果には、着果状況と花芽分化が大きく関係する。花芽分化時期は落葉果樹が6～8月頃、ウンシュウミカンなどは11～12月頃である。この時期に着果数が多ければ、樹体内の炭素（光合成物質）が少なく、花芽をつくれないため、翌年の開花・結実が少なくなる。着果数が少ない場合は、この逆であり、このことが隔年結果の主要因となる。①病害虫とは直接関係しない。②着果調整は、せん定が基本である。③成り年は摘果を早く行い、着果量を少なくする。⑤隔年結果は経営上、大きな損失となるため、せん定、摘花・摘果などの管理が重要である。

15 解答▶④ ★★

栄養成長とは、枝葉や根など栄養器官の成長のことである。生殖成長とは、花芽分化や花器の形成、開花・結実、果実の発育・成熟など生殖器官の成長のことである。苗木や若木では樹体を大きくするため栄養成長がさかんにおこなわれ、成木になると栄養成長と生殖成長のバランスがとれるようになり、老木になるとおもに生殖成長を行い栄養成長する力が低下する。栄養成長のためには窒素成分（N）、生殖成長のためには光合成物質の炭素（C）が多い（割合が高い）ことが必要である。そのため、苗木の時期には、窒素の施肥が必要である。

16 解答▶① ★★

わが国では、平地は水田が多く、果樹園は傾斜地に多い。一般的に草生栽培も流亡防止効果があるが、ワラや草を敷く方法が最も効果が高い。しかし、敷く材料の確保、投入する労力が困難なため、草生栽培とし、その草を刈り取って敷けば、マルチ（敷き草）栽培となる。②⑤は排水効果が高まる。③の草のない清耕は最も流亡が多い。④傾斜地は排水は良いが、肥えた表土が雨で流亡しやすい。その他、暗きょ排水工事、階段植えにすることも表土流亡防止となる。

17 解答▶② ★★★

シャインマスカットは皮ごと食べることができる緑黄色品種であり、欧州種であるマスカット・オブ・アレキサンドリアに似ているが、安芸津21号（スチューベン×マスカット・オブ・アレキサンドリア）と白南（カッタクルガン×甲斐路）を交配した実生から選抜された二倍体欧米雑種品種である。①の代表が巨峰・ピオーネであり大粒である。③は品質は良いが雨・病気に弱い。④北アメリカ大陸東海岸原産で、小房・小粒であるが、病気に強い。キャッベルアーリーなどは米国型雑種。⑤ワイン専用品種は欧州種で小房・小粒が多い。山梨で有名な「甲州」は、生食醸造兼用・欧州種である。

18 解答▶③ ★

矢印部分は花柱の基部で、丸く膨らんだ部分、子房である。モモ・オウトウなどの核果類は子房の中果皮

部分が発達して多肉になった部分を食用としている。リンゴやナシなどの仁果類は花き中の花托（花床）が肥大して食用部になる。クリ・クルミなどは、子房壁は肥大せず、かたい殻となり、種子の子葉が食用部分であるのが堅果（けんか）類である。また、真果（しんか）は花の子房壁が肥大して食用部分になったもの、偽果（ぎか）は花床（花托）が肥大したものである。

19　解答▶④　★★

リンゴは、品質の良い果実を得るため、原則最初に開花する頂芽の中心花に結実させる。また自家不和合性（同じ品種間の交配では結実しない性質）であるため、他品種の花粉・受粉樹が必要（「ふじ」に対して「つがる」等）である。開花期の低温により訪花昆虫が活動しない場合や、受粉樹が少ない場合は、結実不良となるおそれがあるため、人工受粉が必要である。①摘蕾・摘花も実施し、早く数を少なくする方が大きい果実になりやすい。②ナシは最初に側花が咲くが、リンゴは逆で中心花が先に開花する。③単為結果でなく、受粉・受精して種子もできる。

20　解答▶③　★★

②③葉果比とは、1果が正常に生育・肥大するために必要な葉の枚数で、果樹により異なり、ウンシュウミカンの標準葉果比は25〜30枚である。葉果比が高い、即ち1果あたりの葉数が多い（着果数が少ない）と、果実は大きく・糖度が低く、果皮の厚いものになりやすい。逆に低いと小玉となるが、翌年の着果数は少なくなる。①肥大を促進するためには早い時期の摘果が効果的である。④早期の摘果は隔年結果防止に効果がある。⑤樹冠全体の果実の着果数を減らすのは間引き摘果と呼ぶ。

21　解答▶①　★

新梢の摘心は、一時的に枝の伸長を止めることにより、花穂（房）の充実・結実率の向上、果粒肥大等が目的である。強く伸びている新梢のみに行うため、短い新梢の成長が追いついて、生育がそろう効果もある。また、徒長的生育を抑えることになるが、脇芽（副梢）の発生は多くなる。②摘心による伸長停止は一時的なもので、わき芽が再度伸長する。③摘心では結実数が多くなる。④枝をさらに伸ばすことが目的ではない。⑤わき芽が出やすいが、それが目的ではない。摘心の欠点としては、着粒数の増加により摘果作業が増える、脇芽の多発により副梢の摘心作業が多くなる。

22　解答▶①　★

ミカン収穫後の果実の軸、果こう（果梗）枝＝果柄が長いと、収穫かご、コンテナ、選別、出荷箱などで、他の果実を傷つけ、腐敗の原因となる。確実に短くするため、二度切り（樹から切り取るときと収穫かごに入れる前）を行う。果実を地面に落としたり、手袋をしないで収穫作業をしたり、ミカンが濡れている時に収穫すると果皮に傷がつきやすく、腐敗する原因になるので避ける。また、ミカンをつかんで引き寄せると、果皮と果肉が分離して傷つき、同様に腐敗や品質低下の原因になるので避ける。

23　解答▶④　★★★

シャインマスカットのジベレリン処理時期は、満開時となっている。しかし、ブドウの満開時とは花らい（花蕾）の開花が8割、先端まで開花した時点など、判断が難しい。ジベレリン処理が最適時期より少し早いと、軸が曲がったり、ショットベリー（小果）や肥大の低下等が見られ

るため、満開時から3日後が最適といわれている。しかし、満開時より処理時期がやや遅いため種子が入りやすく、問題となっている。そのため、完全に種なしにするためにストレプトマイシンをジベレリンと併用する。

24　解答▶④　　　　　★★

交雑育種は、目的を持った二つの品種を交配して結実させ、できた種子を播き、できた果実の中から優れた特性を持ったものを淘汰・選抜するものである。この方法は、果樹育種の基本となる育種法であり、計画的に新品種を育成する場合、ほとんどがこの手法を用いる。現在栽培されている品種の多くは交雑育種によって育成されている。交雑育種に対し、突然育種法がある。これは、①のように新しい形質を持った枝（枝変わり）を発見し、それを新品種にしていく、また、⑤人為的に放射線を利用する方法がある。②は交雑育種と突然変異の両面を持っている。③は品種改良でなく、栄養繁殖によるウイルスフリー苗の生産である。

25　解答▶③　　　　　★★★

挿し木による発根が容易なものとして、ツル性であるブドウ、キウイフルーツ、パッションフルーツ、アケビなどや、ラズベリー、ブルーベリー、イチジクなどがあり、パインアップルも容易に発根する。また、台木養成として利用しているものに、ブドウ台木やリンゴ台木のマルバカイドウなどもある。

26　解答▶②　　　　　★★★

ブドウではフィロキセラという根や葉に寄生する害虫（ブドウ根アブラムシ）を防ぐためにフィロキセラ抵抗性台木を用いている。①マルメロ選抜系統台木は西洋ナシ、③ヒリュウ台木はカンキツ、④M9台木と⑤マルバカイドウ台木はリンゴで使用される台木である。なお、マルメロはバラ科であり、西洋カリンといわれている。ヒリュウはカラタチの一種でカラタチより樹勢が弱く、わい化的にできる。M9はリンゴわい化台木の代表種。マルバカイドウはバラ科リンゴ属の耐寒性落樹で別名はセイシ、キミノイヌリンゴである。カキとモモの台木は、品種は異なるが同じ樹種の共台（ともだい）。カンキツの台木としては、野生ミカンであるカラタチが多く利用されている。

27　解答▶②　　　　　★★

傷んだ根は、その部分から腐ったりすることもあるため、きれいに切り除く。きれいに切ると断根効果もあり、新しい根が出やすくなる。①接ぎ木部には土を被せない。接ぎ木部に土があると、穂木から発根してしまい、接ぎ木効果がなくなる。③たい肥などの有機物は土壌物理性を改善して根の生育が良くなる。ただし、未熟たい肥の場合は根を傷める弊害があるため完熟たい肥を使う。④過剰の肥料・窒素は肥料焼けや徒長の原因となる、⑤苗は目的とする高さ（長さ）で切る。その他、植え付け時の注意すべき点として、接ぎ木テープは取り除く、苗が沈み込まないように中央部を山成りに硬くする、土を被せる途中にかん水等を行い根と土を密着させる、苗が不安定だと活着が悪くなるため支柱をする、等がある。

28　解答▶④　　　　　★★★

ブドウの枝の誘引のテクニックとして、新梢の生育をそろえることも大切である。そのため、強い新梢部分は芽かきを遅らせ、棚付け誘引は早くすることが原則である。また、

摘心によっても新梢の生育を揃えることができる。①ブドウの枝はツルであり、誘引をせずに放置すれば、枝が絡み合い、風通しが悪く、日陰等をつくってしまう。②新梢が発生して間もない時期は基部が取れやすい。③枝を強く曲げるために、捻枝（ねんし）も行うことがある。⑤は逆で、弱い部分の芽かきを早くすることにより、枝の伸長が促進され、生育がそろう。

29　解答▶①　★★

樹勢の強い樹・品種は横枝を、樹勢の弱い樹・品種は立ち枝をできるだけ残すようにする。また、表年（隔年結果により多くの果実が着果した年）は樹勢が弱くなっているため、勢いを強くするために切り返しせん定を、裏年は着果数が少なく、樹勢が強いので間引きせん定をおもに行って結実を確保しながら樹勢を調節する。

30　解答▶⑤　★★

セイヨウナシは、ニホンナシと異なり、収穫後に追熟させることで食べ頃となる。収穫が早すぎると追熟がうまくいかずに食味不良となり、遅いと内部褐変などの果肉障害が発生しやすくなる。収穫に当たっては、満開後の日数、ヨード・ヨードカリ反応（＝デンプンの消失割合）、果肉硬度、糖度計示度果皮色、種子の色等から収穫適期を判定するが、品種によって収穫期や指標が異なる。①「ヤーリー（鴨梨）」はチュウゴクナシ、「王秋」はニホンナシである。主なセイヨウ（西洋）ナシの品種には、ラ・フランス、ル・レクチャ、バーレットなどがある。②品種や収穫時の状態により、予冷・追熟期間は異なるが、予冷（0〜5℃）は約1〜2週間、その後常温（10〜20℃）で追熟させる。栽培が最も多いのは

山形県で、全国の約70％近くが栽培されている。

31　解答▶⑤　★★

ニホンナシとモモは、収穫時期の気温が高いため、予冷した後、低温貯蔵が行われている。また、近年、ニホンナシでは低温高湿度庫での貯蔵も行われている。ウンシュウミカンは、果皮を乾かす予措をした後に常温貯蔵が一般的に行われている。リンゴは、CA貯蔵や低温貯蔵が広く行われている。MA貯蔵（包装）は、ガス透過性を調整（低酸素、高濃度CO_2）できるフィルム等で果実をくるむ方法で、カキなどで行われている。最新の貯蔵法として、低濃度のガスで果実の熟度を促進するエチレン作用を阻害するホルモン、1—MCP（メチルシクロプロペン）貯蔵がある。

32　解答▶②　★★★

写真は環状剥皮（かんじょうはくひ）である。樹の師管（葉からの光合成物質が移行する通路）部を剥ぎ取ることで、葉の同化産物が地下部に転流するのをさえぎり、花穂（房）への分配を促す技術である。剥ぐことにより、根からの養水分の移行が止まることはない（皮だけ剥ぐので、根から養水分が通る導管は残る）。剥皮の幅は0.5〜1cm程度が一般的である。また、処理部にテープを巻き、癒合組織の形成を促す。開花期の処理では、果粒肥大効果が認められている。また環状剥皮は、赤色系品種や黒色系品種では満開30〜40日後に処理することで、果房の着色向上の目的で処理される。しかし、根への光合成養分が減少するため樹が弱る等の弊害がある。そのため、的確な処理と共に、樹勢の弱った樹・毎年実施しないなどの注意が大切である。

33　解答▶③　　　　★

　せん定は、日当たり、風通しを良くする、作業がしやすい形にする、病害虫の早期発見・除去等の目的・効果がある。しかし、最大の目的は、枝を切ることにより、花芽・着果数が減り、隔年結果が防止され、養分の流れが調節されて果実にまわり、毎年、良い果実を生産することである。②徒長枝の発生は強せん定で多くなる。④せん定は収穫量の調整と共に、果実の肥大や着色・糖度も大きく左右する。⑤生育中の枝を切ったりするのもせん定分野であり、夏季せん定という。

34　解答▶①　　　　★★

　果樹は一度植えられてしまうと掘り返す・耕起ができない。また、根も深い。しかし、深い部分への養分補給・土壌改善は必要である。そのため、穴を掘る（たこつぼ）、溝を掘るなど、4〜5年計画で実施し、完熟有機物等も投入するのが「深耕（しんこう）」である。②③多少の断根は、新しい根の発生のために良いが、多くの断根は弊害がある。深耕部分は、多少の断根のある付近を掘る。深耕は④のかん水や、⑤の土壌消毒とは関係ない。

35　解答▶①　　　　★★

　種をまくと収穫までに年数がかかるのも一要因であるが、親より悪いものができる確率が高いのが最大の要因である。果樹は不良な環境から自分自身を守るために、多用な遺伝子を取り込み、純粋でなくなっているため、実生では親と同じものができない仕組みとなっている。これは寒い環境の落葉果樹、また、交雑等による品種改良を多く実施してきた果樹でその傾向が強い。しかし、時々、優秀なものができることがあり、品種改良に利用されている。

36　解答▶③　　　　★★

　ブドウのせん定において、芽を出す枝の結果母枝（ぼし）を長く残すのが長梢せん定、1〜2芽程度残して短く切るのが短梢せん定である。短梢せん定仕立ては、直線状に延ばした主枝に対し、左右に結果母枝を残すもので、整枝せん定の理解や習得がしやすい。また、誘引、ジベレリン処理など、全ての作業が効率的にできる。①1つの芽座から2本以上の結果枝が発生している場合には、基本、主枝に近い方を残し、芽座の長大化を防ぐようにする。②④強せん定になりやすく、強い新梢が発生するので、誘引、摘心作業は必須である。また、新梢の勢いが強いと、果実は着色の悪化・品質の低下となりやすい。⑤の状況は長梢せん定の欠点であり、短梢せん定は着果量の調整が容易である。

37　解答▶⑤　　　　★★

　春先の開花期頃の霜は、冬の終わりの遅くなってからのもので、晩霜（ばんそう・おそじも）という。晩霜は、寒気の残っている晴天・無風の夜間から早朝にかけて発生する。晩霜時の気温は地上面付近が最も低い。写真はナシ園に設置された防霜ファンである。原理は、気温の逆転現象によって生じる地上6〜10mの位置にある暖気をファンでかき回して空気の流れをつくって地表面に送り込み、霜害を防止するものである。この防霜ファンは、ナシ園だけでなく、ブドウなど多くの果樹、茶園で利用されている。防霜対策として、燃焼法や散水氷結法もある。

38　解答▶④　　　　★★

　各果樹の栽培面積に対する施設栽培の割合が最も高いのはオウトウである。その理由は裂果および灰星病対策の雨除け施設が多く、約70％と

断トツで高い。露地栽培のオウトウでは、果実肥大期から収穫にかけて、降雨により裂果が発生する。雨除けテントの普及で裂果が大幅に減ったが、大雨により雨除けテント外から土壌を通じた雨水の流入により裂果が発生する場合もある。また、樹勢が強い場合も裂果の発生を助長する。裂果した果実は腐敗・病気発生も早く、全く販売できない。

39　解答▶③　★★★

写真は冬季の低温により、果実が凍ることによって発生する障害・「す上がり」である。凍結により果肉の細胞が傷つけられ、解凍後に果肉の水分が失われて写真のような空隙を生じる。また、食味も苦味が発生して商品性が失われる。果実の収穫期が遅い中晩生カンキツなどは冬の低温により樹上で被害を受けやすい。対策として、樹を不織布や寒冷紗などで被覆、果実に二重袋を被せる、冷気が溜まらないように風通しをよくする等がある。

40　解答▶③　★

みつ入りリンゴと異なり、モモの「みつ症」は「水浸状果肉褐変症」とも呼ばれている果肉障害果である。程度がひどい果実は商品価値がなくなる。夏の気温が高く、また降雨の多い条件によって発生が多いとされている。近年、温暖化の影響で発生が問題となっている。適期収穫を逃した一種の過熟現象によって引き起こされるので、内部品質の熟度の変化に注意して収穫を行うようにする。大玉果に発生が多いため、極端な大玉栽培は避けることが望ましい。また、最近では果実が高温になりにくい機能性果実袋も開発されている。

41　解答▶⑤　★★★

リンゴのM.9台木又はJM系台木は、わい化効果や、生産効率が優れる一方で、樹が細いこともあり、樹体凍害には弱い傾向がある。凍害防止対策として、株元をワラや白色反射シートを巻くことも実施されている。また、主幹部を白く塗ることによって、直射日光や雪面の反射による主幹部の急激な温度上昇が抑制され、秋期のハードニングをスムーズにし、春期のデハードニングを遅延する効果が期待でき、凍害が減少する。塗布場所は、地際から接ぎ木部の上、30cm程度の高さまでを塗布する。水性の資材であるため、1〜2年程度で薄くなるので、塗り直す必要がある。塗布時期は、厳冬期までに行う。白塗布はリンゴだけでなく、オウトウ、プルーンなど、他の果樹においても実施されている。また、クリ、カンキツ、イチジクなどではカミキリ対策として殺虫剤入りの白塗布を行うことが多いが、リンゴの凍害防止対策のための塗布おいても、殺虫剤を混入することができる。

42　解答▶⑤　★★★

写真はヤノネカイガラムシによる被害果である。ゴマをふったように黒くなっているのは、貝のように貼りついた（吸汁）成虫である。貝殻のようであり、一般的な殺虫剤では死滅しない。カイガラムシ類は、おもに冬季のマシン油乳剤の散布で防除できるが、薬剤がかかりにくい枝葉が密集している樹冠内部で発生しやすい。マシン油は油成分が害虫の体表を覆って呼吸困難で死滅させるものであるが、春から秋の枝葉にかかると、樹が弱るため、冬季の散布が基本である。被害は果実だけでなく、枝葉にも寄生し、多発すると枝や樹の衰弱・枯死となる。天敵の利用も可能であるが、その場合は天敵

への影響が少ない農薬を利用する必要がある。

43　解答▶④　★★★

被害葉は、ブドウハモグリダニによる吸汁被害である。このダニは、芽のりん片の内側で越冬し、「ブドウえそ果病」の原因となるウイルスを媒介するので、休眠期の石灰硫黄合剤の散布が重要である。ここ数年ブドウ産地によっては増加傾向である。この問題を解くカギとして、症状から判断する。ハダニは、小さな口針で刺し、吸汁するので、その部分がくぼんだり、葉の表面が荒れる。①要素欠乏は葉の色が抜けることが多い。②は葉を食べるので明らかに違う。③の害虫は枝・樹内に穴をあけ食い入る。⑤は一時的には特に症状はないが、根が傷むと葉がしおれる。

44　解答▶②　★

写真は黒星病である。黒いススが発生するのが最大の特徴である。国内主要品種である「幸水」「豊水」では発生しやすく、「二十世紀」では発生が少ない。各産地では薬剤散布により防除を徹底しているが、同じ系統の農薬を使い続けると農薬が効かなくなる薬剤耐性が問題となっている。①主に葉に発生するが、葉柄・果軸、果実にも発生する。最初は薄い色であるが赤色となり、やがて病斑から毛状のものが出てくる。③根がカビより腐る病気、④葉にリング状の病斑、⑤枝・幹に発生、ナシ芯腐れの菌。

45　解答▶④　★★

写真は夏季の高温時に発生する日焼けである。上向きに着果した果実など直射日光が当たるほど発生が多くなる。近年、猛暑日が多いことなどから発生が増加している。①果実には1～5 mmの赤色病斑など、②

黒いスス、黒いかさぶた、③花や幼果の霜による被害、⑤果実の軸側でない半分に少し凹んだ多数の小さな黒い斑点ができる生理障害。

46　解答▶③　★

特定外来生物であるアライグマは、ハクビシンと共に雑食性が強いが、基本的には甘い果実（ブドウ、モモ、ミカン、サクランボ、イチゴ、トマト、スイートコーン等）が好物であり、線を伝ったり、防除ネット等も登る。また、ほんの少しの隙間を探して侵入するなど防除が困難で被害が拡大している。人家の床下、屋根裏などに住みつくことも多く問題となっている害獣である。対策として、果樹園の周囲と上を完全にネットで囲む、電気柵で下をくぐれない低さに線を張る。⑤のヌートリア（ネズミの仲間）は、特定外来生物であるが、おもに野菜を食害し、体が大きく木登り等は得意でない。

47　解答▶③　★★★

中晩生カンキツなどで行う果実の袋掛けは、おもにヒヨドリやメジロなどの鳥による食害を防ぐために行う。被害が多くなるのは、鳥の餌が少なくなる冬場なので、晩秋にかけることが多い。また、防寒効果が高い二重袋を使用すると、寒さによる果実の凍結（す上がり）防止効果も期待できる。袋掛けは大変なので、主に高級カンキツ、完熟出荷を狙うもので実施されることが多い。

48　解答▶①　★★

根域制限栽培は、根の伸びる範囲を限定するもので、土量・根量が少ないため、樹は小さく、果実も一般的には小さいが、施肥・かん水により、生育をコントロールできるため、高品質栽培ができる。また、ハウス等と組み合わせて早期出荷・高価格販売ができる。②土量が少ない普通

の鉢栽培も根域制限である。③わい化栽培。④樹園の早期成園化・作業の効率化で多くの果樹で増えているジョイント栽培。⑤根は下に伸びるので、横だけ囲っても制限できない。

49　解答▶⑤　　　　　　　★

　Aはマンゴー、Bはビワ、Cはクリの花である。この問題は、マンゴー、ビワの花を知らなくても、Cのクリの花さえ知っていれば解ける問題である。クリは6月頃に開花するが、白く細長く見えているのが、雄花穂（雄花は多数集まったもの）であり、堅果類の特徴である。マンゴーは耐寒性が弱いため沖縄を除き施設内で栽培される。ビワは晩秋から初冬に開花する。

50　解答▶④　　　　　　★★

　展着剤は1Lに0.1〜0.3 mlなので、100Lでは0.1〜0.3 × 100 ＝ 10〜30 mlである。倍数の計算をする場合、単位を統一しないと計算できないため、100Lは100,000 mlとして計算する。基本式は、希釈倍数＝薬量÷水量である。希釈倍数の800倍は、800分の1に薄めるということで、1÷800である。殺菌剤は、1／800＝薬量／100,000で求めると125g。殺虫剤は、1／2,000＝薬量／100,000であり、薬量は50 mlとなる。

選択科目 ［畜産］

11　解答▶④　　　　　　★★

　ロードアイランドレッドは卵肉兼用品種、コーニッシュは肉用品種に分類される。

12　解答▶②　　　　　　★

　くちばしは先端が角質化して硬く、穀物や虫類をつついたり、ついばんだりするのに適した形をしている。素のうでは飼料を一時たくわえ、水や粘液で飼料をふやかし、腺胃で胃酸と消化液を分泌して飼料を消化する。筋胃は両凸レンズ状の形をしてグリットを含み、強い筋肉の収縮運動で飼料をすりつぶし、攪拌する。空回腸では飼料の消化・吸収を行うが、長さ・容積は他の家畜に比べて小さい。

13　解答▶④　　　　　　★

　ペック（つつき）オーダー（順位）によって、強弱の明確な順位がつき、集団の秩序が保たれる。

14　解答▶①　　　　　　★★

　初生びなは体温の調整機能が十分になく羽毛も保温力にとぼしいため加温が必要であるが、換気を怠ると、病気にかかりやすくなるなど発育に悪影響があるので注意する。ひなが温源部から離れていれば温度は高過ぎで、温源部の近くに集まっていれば低すぎる。湿度は育すう初期に不足しやすいため50〜70%になるように管理する。また、どんな場合でもワクチン接種による病気の対策をする必要がある。

15　解答▶②　　　　　　★★

　ニワトリは通常産卵開始から10か月以上経過すると卵質が低下するため、強制換羽を行い、産卵期間の延長を図る。強制換羽は、絶食、絶水、もしくはエネルギーの低い飼料を給与し、卵胞ホルモンの分泌を低下さ

せ、卵管を新しく再生させる事により、機能改善され、産卵率、卵質の改善を図るものである。

16 解答▶③ ★★★
産卵直後の卵白のpHは約7.5であるが、日数の経過により炭酸ガスが散逸し、pHは上昇し、約9.5になる。日数が経過すると濃厚卵白は水様卵白に変化し、卵白の高さは低くなる。日数が経過すると、卵黄膜は脆弱化し、卵黄係数は小さくなる。日数が経過した卵の重量が減少するのは、気孔を通じて、卵内容物の水分が蒸発するためである。

17 解答▶① ★★
ニワトリの法定伝染病は家禽コレラ、高病原性鳥インフルエンザ、ニューカッスル病、家禽サルモネラ感染症の4種類である。

18 解答▶⑤ ★
わが国の肉豚生産では、繁殖能力の高い大ヨークシャー種とランドレース種を交配した一代交雑種に、産肉性に優れるデュロック種を交配した三元交雑種を肥育するのが一般的である。

19 解答▶③ ★★
一般的な豚は1.5kg程度で産まれ、約6か月ほど飼養すると体重が115kg程度の出荷適期になる。なぜ115kgが出荷適期なのかというと、その体重で枝肉にしたときに、格付けが上になりやすいからである。

20 解答▶③ ★★
ブタの飼育適温域は10〜25℃である。

21 解答▶⑤ ★★★
①脂肪は、皮下と腹（内臓）に蓄積し、ついで筋肉の間に入ってくる。③肉質や味は、筋肉内の脂肪の質や入り具合によって左右され、品種によっても異なり、中型種の中ヨークシャー種やバークシャー種が、大型

種に比べて脂肪沈着がよく、肉の味に優れる。④高栄養飼料では、脂肪がつきすぎたり、肉締まりが悪くなったりしやすいのに対して、②比較的低栄養の方が肉質は良くなる傾向がある。

22 解答▶② ★★★
深部注入は従来の人工授精に用いるカテーテルにインナーカテーテルを備えたものを使用する。インナーカテーテルによって子宮角の深部まで精液を注入することができる。メリットは従来の方法より使用する精液量を少なくしても受胎率が変わらないことである。①安全性も問題なく、③特殊な技術も必要ない。⑤受胎率は変わらないので、④従来方法と同様、許容中に3回程度の授精は必要である。

23 解答▶① ★★
SPF豚は（Specific Pathogen Free：特定病原体不在豚）のことで、繁殖豚は病原体に触れないように帝王切開で衛生的に産出される。病原体を持っていないことから、清潔な環境で飼養すれば抗生物質を投与する必要が無く、発育も良い。

24 解答▶⑤ ★
家畜伝染病予防法に定められている伝染病を法定伝染病と呼ぶ。豚熱（豚コレラ）、口蹄疫、流行性脳炎がある。

25 解答▶③ ★★★
ヘレフォード種は肉用種で、白面で毛色は濃赤褐色。性質は温順。耐寒性、粗飼料の利用性に優れ、早熟、早肥。肉質は筋繊維が粗く皮下脂肪が厚くなりやすい品種である。

26 解答▶① ★
②は胸深、③は体長、④は管囲、⑤は尻長である。

27 解答▶④ ★
飼料中の繊維素やデンプンなどの

炭水化物は、第1胃内にある微生物が産生するセルラーゼなどの繊維分解酵素によって、酢酸、プロピオン酸、酪酸などの揮発性脂肪酸が生産される。

28 解答▶② ★★

ホルスタイン種雌牛の出生時体重は40〜50kg である。ただし、早産や過期産、血統が原因でこの範囲以外になることもある。

29 解答▶⑤ ★★

①耳標装着は生後1週間程度で実施するのが適当、②角が確認できず牛のストレスとなるため、除角は生後すぐに行うべきではない。③初乳にはセルロースは含まれない。受動免疫は重要であるため初乳は必ず給与する。④早期離乳時に反すう胃が未発達であることが問題。

30 解答▶④ ★★★

飼養環境の影響や飼料給与の改善等でも変化はあるが、一般的に乳期が後半になると乳量は落ち、無脂固形分・乳脂率・タンパク質含量は増加する傾向にある。

31 解答▶④ ★★

①ジェスタージェンは、主に黄体から分泌されるホルモンで、黄体ホルモンとも呼ばれ、子宮内膜の着床性増殖や妊娠維持に作用する。②エストロジェンは、主に卵胞から分泌される。卵胞ホルモンまたは発情ホルモンとも呼ばれ、メスの二次性徴の発現、発情徴候の発現に作用する。③アンドロジェンは精巣から分泌され、オスの二次性徴の発現、雄性行動を刺激、たんぱく同化作用を示す。⑤プロスタグランディンは生体内のほとんどすべての組織での存在が認められており、その作用は多種多様で、生殖器系のみならず、循環系、呼吸系、消化系、泌尿系、神経系及び内分泌系の調節など広範な生理機能の調節作用を持つ。生殖器系での主な作用として、子宮の収縮、陣痛発現、黄体退行などがある。

32 解答▶⑤ ★

牛の発情周期はおおよそ21日間隔、妊娠期間はおおよそ280日である。空胎日数を短くすれば分娩間隔が短くなる。

33 解答▶⑤ ★★★

牛の胚移植に用いる胚は、一般的に桑実胚（受精後5〜7日目）および胚盤胞（6〜8日目）であり、Aは胚盤胞である。

34 解答▶① ★

②超音波画像診断機を用いる方法で、牛や馬では超音波の送受信のための探触子を直腸内に挿入して行なう。③直腸より挿入した手の触診により、妊娠に特徴的な胎膜、妊角の膨大、胎子あるいは子宮動脈の肥大と特有の振動を触知することで診断。④妊娠に伴うホルモン変化を検出する方法。⑤妊娠が進むと頸管粘液は特徴的なゼラチン状となることから判断。

35 解答▶② ★★★

黒毛和種の妊娠期間は285日で、分娩予定日の算出方法として「授精日から3か月引いて、それに10日をたす」という簡易計算法が用いられる。問いでは、発情後7日目に受精卵移植を行っているが、分娩予定日の算出として発情日（一般的には、発情時に人工授精を行うため）から計算すると②となる。

36 解答▶② ★★

写真はミルキングパーラーで主にフリーストール式牛舎で使用される搾乳専用施設である。搾乳時は牛が自ら移動してミルキングパーラーに入り搾乳終了後出て行く。作業効率が高く、大規模経営での利用が多い。

37 解答▶④　　　　　★
　写真の器具一式は人工授精用である。

38 解答▶④　　　　★★★
　①はエネルギー不足等で低血糖・ケトン体濃度が上がる病気。②は分娩後の泌乳量増加により、体内のカルシウムが乳汁中に移行し、体温低下等引き起こす病気。③は分娩直後の泌乳牛に濃厚飼料を急に多給すると第1胃内でプロピオン酸が急激に産生され、pHが低下して起きる病気。⑤は異性双子の雌は子宮や卵巣が発育不良で繁殖不能となりやすいが、この雌のことをいう。

39 解答▶③　　　　　★★
　①は日本短角種、②は無角和種、④褐毛和種、⑤ブラウンスイス種の特徴である。

40 解答▶②　　　　　★★
　枝肉重量／出荷体重×100＝枝肉歩留率（％）より、520kg／xkg×100÷64%となり、520kg／0.64＝xkg＝812.5≒813kgとなる。

41 解答▶③　　　　　★
　①④はマメ科の牧草。②はビートから砂糖を抽出した残渣を利用した濃厚飼料。⑤は小麦の穀粒を小麦粉に加工したときの副産物飼料。

42 解答▶⑤　　　　　★★
　カルシウム含量は魚粉6.12%、脱脂粉乳1.38%、ナタネかす0.71%、稲わら0.30%、トウモロコシ0.03%である。

43 解答▶④　　　　　★★
　①牧草の収量性が最も高いのは生殖成長期、②栄養価が最も高いのは栄養成長期であるため、収穫適期は栄養成長が終了し、生殖成長が始まる時点がよい。③梱包作業にはベーラを用い、⑤サイレージ利用する際には水分60〜70%の牧草を用いて調製するとよい。

44 解答▶②　　　　★★★
　NDF（Neutral Deterdent Fiber）は中性デタージェント繊維。DM（Dry Matter）は乾物、NFE（Nitrogen Free Extracts）は可溶性無窒素物、TDN（Total Digestible Nutrients）は可消化養分総量及びCP（Crude Protein）は粗タンパク質。

45 解答▶①　　　　　★★
　堆肥を撹拌等で酸素と触れさせることにより、好気性細菌が活発化して発酵が進む。副資材を混ぜ込み水分調整を行うことも重要である。

46 解答▶②　　　　　★★
　①のような直射日光を示した基準はない。③家畜排せつ物は管理施設において管理することとされている。④家畜排せつ物の年間の発生量、処理の方法及び処理方法別数量は記録することとされている。⑤液状の家畜排せつ物の管理施設は不浸透性材料で築造した貯留槽とすることとされている。

47 解答▶⑤　　　　　★★
　①と②は生ワクチンの記述である。特定の伝染病に対する動物の抵抗性を高めるため、動物に弱毒あるいは死毒の病原体を予防的に接種し、その病原体をワクチンという。

48 解答▶④　　　　　★
　写真左は除角器、右はデホーナーである。除角によって牛がおとなしくなるほか、ウシ同士の競合も緩和される。

49 解答▶①　　　　　★★
　写真はスタブルカルチで、畑の粗耕起、表層混和、砕土、整地に使用する機械である。

50 解答▶③　　　　　★★
　①は特別牛乳。②は低脂肪牛乳。④は無脂肪牛乳。⑤は加工乳の規格である。

選択科目［食品］

11　解答▶①　★★★

甘味について、学問的には甘味度はショ糖の甘さを基準(1.0)として比較評価する。①果糖（フラクトース）は常温（20℃）のときは1.25だが、5℃では1.4となり、温度が低い方が甘みを強く感じる。②ブドウ糖は0.55から0.6、③麦芽糖（マルトース）0.15から0.3、④ショ糖は基準物質で1.0、⑤ソルビトールは0.6で、①に比較し、②③④⑤は温度による甘味の変化は少ない。

12　解答▶④　★

④のこんにゃくに含まれているグルコマンナンは人の消化管では消化吸収できないためエネルギーにはならないが食物繊維として消化管の働きを助ける。①の牛乳には乳糖が含まれ、乳糖不耐性の人は利用しにくいがタンパク質や脂質が含まれ、エネルギーになるとともに体組織を構成する栄養素となる。②の焼き芋や③のポテトチップスにはデンプンや単糖類、二糖類が含まれ、消化吸収されエネルギーとなる。⑤のうどんは原料となる小麦粉にデンプンやタンパク質が含まれ、消化吸収され、エネルギーとなるとともに体組織を構成する栄養素となる。

13　解答▶②　★★★

大豆などの豆類を発芽さることによって作られるもやしは、豆の状態よりもビタミンCが豊富になり、アミノ酸含有量も多くなる。現在、日本では緑豆やブラックマッペ、大豆を種子とするもやしが主に生産されている。

14　解答▶③　★★★

③のアミグダリンは未熟な青梅の果肉や種子に含まれる。①は赤や青、紫色を呈する水溶性の色素。②はキャベツ、タマネギなどを原料とし、乳酸発酵させた漬物。⑤は黄色ブドウ球菌が食品中で増殖するときに産出する毒素。④はカンピロバクター食中毒の原因菌である。

15　解答▶⑤　★★★

油脂を構成する脂肪酸は炭素間がすべて単結合の飽和脂肪酸と二重結合を含む不飽和脂肪酸で構成される。動物性の油脂は、飽和脂肪酸の含まれる割合が高く、固体状をしている。不飽和脂肪酸は、二重結合をもつ炭素原子が酸化されやすく、酸敗の原因になる。

16　解答▶②　★

食品製造は食品素材を加工し、貯蔵性、利便性、嗜好性、簡便性、栄養性をつけ加えることを目的として行われる。中でも利便性は食品の素材にはそのままでは利用できないものが多く、これらは実需者が利用しやすい形に加工しなければならない。そのため、精米、製粉、製糖、製油などが行われる。テンサイ（サトウダイコン）はそのままでは利用しにくく、テンサイに17％くらい含まれる糖分を抽出、精製、結晶化してグラニュー糖とする。

17　解答▶①　★★★

①の大豆油は、大豆から採油される半乾性油である。フライ油やサラダ油など直接食用とされ、また一部は、硬化してマーガリンなどの原料になる。菜種油と並ぶ代表的な植物油で、リノール酸が豊富で、ほかにオレイン酸やリノレン酸、パルミチン酸などを含んでいる。

18　解答▶④　★★★

日本では桃シロップ漬け缶詰の原料には白肉種と黄肉種が用いられる。白肉種は肉質が柔らかく皮が剥きやすく熱水処理で剥皮できるが、黄肉種は肉質が硬く、皮が剥きにく

いので、④の３％水酸化ナトリウム溶液の処理を行って剥皮する。

19　解答▶③　　　　　★★

野菜や果物内の③の酵素が、自身の成分や組織を分解させ、原料を変質させてしまうため、加熱してそれらの酵素を失活させる。この加熱処理のことをブランチングという。トマトケチャップの製造では、トマトを１〜２分間程度、沸騰水中で加熱処理をする。

20　解答▶⑤　　　　　★★

①食品の品質保持に悪影響を及ぼす酸素を窒素ガスや二酸化炭素ガスに置換して密封する包装である。②プラスチックの袋に食品を詰め、真空にした状態で袋の口を接着する包装である。③無菌室に近い室内で、殺菌済みの食品を殺菌済みの包装材料に詰め、完全に密封する包装である。④シュリンク包装は熱で収縮させたプラスチックフィルムにより、製品や容器の全面を覆う包装。⑤青果物をポリエチレン袋に入れ、封をしておくと青果物の呼吸により、袋内の酸素濃度が大気中より低下し、逆に二酸化炭素濃度が上昇し、容器内がCA貯蔵の状態になる。簡便で安価にできる鮮度保持包装として利用されている。

21　解答▶④　　　　　★★★

焼き菓子の膨張剤として④炭酸水素ナトリウムを使用する。①パウンドケーキは卵白の気泡性が主で、製造用材は入れない、②柑橘類のカビ発生を防止するため、防かび剤（イマザリル）を使用、③油類の酸化による変敗を防ぐため、酸化防止剤（ブチルヒドロキシアニソール：BHA）を使用、⑤木綿豆腐の凝固剤として、製造用材（塩化マグネシウム）を使用する。

22　解答▶②　　　　　★★★

α化米とは、糊化とも呼ばれお米を炊き上げて、柔らかくなっている状態。これを急速乾燥させ、α化の状態を保てるように処理した米のこと。腐りづらいため長期保存が可能で、お湯・水を加えることで美味しく食べられる。①はレトルト米飯。③は無菌包装米飯。④は上新粉。⑤は白玉粉。

23　解答▶⑤　　　　　★★★

かんすいは、炭酸カリウムや⑤の炭酸ナトリウム、リン酸塩類のうち１種類以上を含む。小麦粉のタンパク質はアルカリ性により変性して粘性を増すため、ラーメン、ワンタン、餃子の皮などに添加される。それにより、特有の風味、食感、色調が得られる。

24　解答▶③　　　　　★★

正解は③。食塩はパンの生地を引き締め、粘弾性を高めるとともに有害菌の繁殖をおさえ、酵母の発酵を安定にする役割がある。①酵母の栄養源になったり、②外皮の色相や香りをよくし、④パンに柔軟な材質感を与えるのは砂糖である。また、⑤パンの水分蒸発を防ぎ、デンプンの老化を遅らせるのは油脂である。

25　解答▶③　　　　　★

「除こう」や「おり引き」などの特徴的な工程や果汁などの語句から③のワインとなる。ブドウの「除こう」から、①の米や②の大麦を原料とするものは除かれる。「蒸留」工程がないので、④の焼酎や⑤のウイスキーは、除かれる。

26　解答▶⑤　　　　　★★★

牛乳は液体で栄養成分が豊富なこともあり、細菌が混入すると増殖しやすい。ミルクプラントにおける牛乳製造は原料乳が来ると原料秤量（ひょうりょう）を行った後、⑤の工

程でつくられ冷蔵保管され出荷される。殺菌・冷却保存は乳等省令で条件が定められている。

27　解答▶①　★★

牛乳の①の比重は、牛乳比重計と牛乳比重換算表を利用して、15℃時の牛乳比重を求める。牛乳の比重は、脂肪の含有量によって変化し、比重が小さいと脂肪量が多く、比重が大きいと脂肪以外の無脂乳固形分が多くなる。

28　解答▶②　★★

牛乳を温めたとき、液面に被膜が生じる原因は、タンパク質の熱凝固によるものであり、②のホエータンパク質は75℃で凝固するため、被膜をつくる原因物質である。しかし、牛乳のタンパク質のうち80％を占める①のカゼインは熱凝固しにくいタンパク質であるため被膜の生成には係わらない。③レンネットはチーズ製造時に使用する凝乳酵素。④ラクトースは乳に含まれる糖質成分の乳糖のこと。⑤カルシウムは牛乳100g中に110mg程含まれるミネラル成分。③④⑤は皮膜の原因物質ではない。

29　解答▶③　★

③カマンベールチーズは、表面にペニシリウム属の白いかびを増殖させて、3週間以上熟成させたもので、フランスを起源とする白かびチーズである。④ロックフォールチーズは青カビによる熟成、①エメンタールチーズと⑤チェダーチーズは乳酸菌による熟成であり、モッツァレラチーズは熟成しないフレッシュチーズである。

30　解答▶①　★★★

①リゾチームは自然界にひろく分布する。卵白にはとくに多く含まれ、細菌の細胞壁を構成するムコ多糖類を加水分解する酵素であり、各

種の細菌に対し溶菌作用を示す。②ピータンはアヒルや鶏の卵を、食塩を加えた強いアルカリ性の液に漬けて凝固・熟成させたもの。卵黄は濃緑色、卵白は褐色半透明に変化する。③レシチンは分子の中に親水性部と親油性部を持つ構造で卵黄に多く含まれ、乳化作用をもっている。④カラザは卵黄を卵の中央に保つ働きをしている。⑤エマルジョンは乳化のこと。

31　解答▶②　★★

生肉中に70％前後含まれる水分を加工後にどれだけ保てるかを示す能力を保水性という。また肉に水や脂肪などを加えて練り合わせたとき、各原料が互いに接着する性質を結着性をという。ひき肉に②の塩を加えて練ると肉のタンパク質が溶けて細かい糸状の構造から網目状の構造となり保水性と結着性が高まり、肉のうま味を閉じ込め、弾性を増すなどの食感を形成する。脂肪はソーセージでは滑らかさを増す効果がある。コショウは香辛料として芳香と辛味の付与。硝素は肉の赤色発色とボツリヌス菌の増殖阻止。砂糖は甘味の付与。

32　解答▶④　★

①のボンレスハムは、もも肉から骨を抜いて処理したもの。②の骨付きハムは、もも肉を骨付きのまま塩漬し処理したもの。③のロースハムは、ロース肉を処理したもの。④のベーコンは、ばら肉を整形・塩漬後、長時間くん煙したもの。⑤のラックスハムは、肩肉・もも肉などを整形・塩漬・くん煙したもの。

33　解答▶①　★

鶏は小さいので、1羽のまま取引される。中抜き・二つ割り・四つ割りなどの分割法によって部分肉にされ、さらに骨を除去して精肉とされ

る。普通は四つ割りで、ささみ・む
ね肉・手羽もと・手羽さき・もも肉・
がら・内臓（もつ）などに分けられ
る。

34　解答▶②　　　　　★★
　①はインスタントマッシュポテ
ト、③はポテトチップ、④は冷凍フ
ライドポテト、⑤は切り干し芋であ
る。ポテトフラワーは蒸したジャガ
イモの成分に近い状態で加工してあ
る。成形ポテトチップの原料や製パ
ンに利用される。ポテトフラワーに
水を加えると、マッシュポテトにな
り、冷凍コロッケ・冷凍フライドポ
テト・野菜サラダの原料として利用
される。

35　解答▶⑤　　　　　★★★
　⑤ブナはタンニンが多く含まれ、
色が付きやすく渋味があり、魚介類
に使用される。①サクラは日本で一
番多く使用され、香りが強く、ヒツ
ジやブタなど、くせのある、におい
が強い肉に用いられる。②リンゴは
香りに甘みがあり、上品な仕上がり
になり、くせのないチーズや鶏肉な
ど、淡白な素材に用いられる。③ナ
ラはブナとよく似て、おもに魚介類
に用いられるが、ブナほど色づけや
渋味がでない。④クルミはヒッコリ
ーに似た、よい香りをもつ。肉と魚
全般に使用でき、ほかのくん煙材と
あわせて使用してもよい。ヒッコリ
ーは欧米で使われ、香りもよく、多
くの食材に適する。たくさん使うと
酸味が出てくる。日本でのくん煙材
はサクラやナラなどの広葉樹が使わ
れていることが多い。くん煙剤の使
用目的は保存性の向上、風味の向上
である。

36　解答▶⑤　　　　　★
　⑤の麹菌（アスペルギルス オリ
ゼ・アスペルギルス ソーエ）である。
原料のデンプンは、麹菌のアミラー

ゼによりブドウ糖や麦芽糖に、タン
パク質はペプチドやアミノ酸に変化
し、その後発酵・熟成中に酵母や他
の細菌に利用され、各種成分に変化
し、独特の味・香りとなる。

37　解答▶②　　　　　★★★
　ビールの製造では、あらかじめデ
ンプンを発酵可能なブドウ糖や麦芽
糖にまで分解してから発酵を行う単
行複発酵である。①ワインの製造で
は、酵母は果汁に含まれる糖を直接
発酵することができる。③清酒製造
の発酵は、糖化と発酵を同時に進行
させる並行複発酵法である。④アル
コール発酵では、酵母は嫌気的な条
件下で行われる。⑤酵母は、サッカ
ロミセス セレビシエである。アス
ペルギルス オリゼは糸状菌（麹か
び）である。

38　解答▶③　　　　　★★★
　①ダイズは浸漬し、蒸煮する。小
麦は炒ることでデンプンのα化、タ
ンパク質の熱変性を起こし、麹菌が
生育しやすい状態とする。②コムギ
は炒り、割砕する。大豆は蒸すため
には十分な水分量が必要であり、十
分に浸漬し吸水させる。③ダイズと
コムギの配合は、濃口しょうゆでは
５：５または６：４である。④こう
じと食塩水を１：１または１：1.2の
割合で混合したものをもろみとい
う。もろみの食塩濃度は17％で、発
酵容器に仕込む。⑤発酵を促進させ
るため時々かい入れをする。発酵熟
成が進むにつれ、かい入れ回数は少
なくする。

39　解答▶①　　　　　★★
　食品に含まれる水分には乾燥や吸
湿という形で移動しやすい自由水
と、糖類などと結合していて蒸発し
にくい結合水がある。微生物が利用
できるのは自由水で結合水は利用し
にくい。微生物が利用できる自由水

の含有量の指標に水分活性がある。

40 解答▶③ ★

ふぐ中毒の原因物質は③のテトロドトキシン。ふぐの肝臓や卵巣などの内臓、ふぐの種類によっては皮、筋肉にも含まれ、通常の加熱では壊れない。青酸カリの1,000倍以上ともいわれる猛毒。①のアコニチンはトリカブト、②のムスカリンは毒キノコ（ベニテングダケ）、⑤のソラニンと④のチャコニンはジャガイモの芽に含まれる毒素。

41 解答▶④ ★

食品中で細菌がつくりだした毒素を摂取して起こる毒素型食中毒の原因菌には④の黄色ブドウ球菌が該当する。食品中で菌が増殖したときに産生されたエンテロトキシンを摂取したときに発生する。この毒素は耐熱性があり、100℃、30分間の加熱でも無毒化できない。

42 解答▶① ★★

かび毒は、かびが作り出す代謝産物のうち、ヒトや動物に肝臓・腎臓障害を起こすものの総称である。300種類以上が知られており、動物試験の結果、さまざまな毒性を有することが分かっている。①アフラトキシンの毒性は肝臓障害・肝臓がんであり、ナッツ・穀類・香辛料から検出されている。②オクラトキシン、③シトリニンは腎臓障害で穀類、豆類、果実で検出される。④デオキシニバレノールは消化器・免疫障害で穀類から検出される。⑤パツリンは臓器出血でリンゴジュースから検出される。

43 解答▶④ ★★

④のポジティブリスト制度は、一定量を超えた農薬等が残留する食品の販売や輸入等を原則禁止し、これまで基準のなかった農薬についても人の健康のおそれのない量として一律基準である0.01ppmを生鮮農産物や加工食品に設定した制度のこと。

44 解答▶③ ★★

2001年に起こったBSE、2008年に起こった非食用米の食用への転用事件の反省に立ち、③のトレーサビリティ法が設定された。この法律は、「生産、加工及び流通の特定の一つまたは複数の段階を通じて、食品の移動を把握すること」と定義され、各事業者が食品を取り扱った時の入荷と出荷に関する記録を作成・保存しておくことである。

45 解答▶② ★★★

①食品群の分類及び配列は植物性食品、きのこ類、藻類、動物性食品、加工食品の順に並べている。②原材料的食品は生物の品種、生産条件等の各種の要因により、成分値に変動があることが知られているため、これらの変動要因に留意し選定した。③加工食品は原材料の配合割合、加工方法により成分値に幅がみられるので、生産、消費の動向を考慮し、可能な限り代表的な食品を選定した。④収載食品の分類は大分類、中分類、小分類及び細分の四段階とした。食品の大分類は原則として生物の名称をあて、五十音順に配列した。⑤食品番号は5桁とし、初めの2桁は食品群にあて、次の3桁を小分類または細分にあてた。なお、食品番号は、五訂成分表（2000年）編集時に収載順に付番したものを基礎としており、その後に新たに追加された食品に対しては、食品群ごとに、下3桁の連番を付している。

46 解答▶⑤ ★★

⑤のエネルギー、タンパク質、脂質、炭水化物、ナトリウム（食塩相当量）が該当する。食品表示法で、栄養成分の表示を行う場合、上記の

表示が義務づけられている。原則として容器包装に入れられた全ての加工食品、生鮮食品及び添加物に関係してくる表示になるが、食品区分によっては義務表示又は任意表示等がある。

47　解答▶①　　　　★

消費期限とは、袋や容器を開けないままで書かれた保存方法を守って保存していた場合に、この年月日まで「安全に食べられる期限」のことで、お弁当、サンドイッチ、生めん、ケーキなど傷みやすい食品に表示されている。

48　解答▶②　　　　★★★

①名称はその商品の内容を表す一般的な名称を表示している。②食品表示基準では、「原材料名」と「添加物」を、それぞれに事項名を設けて表示するか、原材料名欄に原材料と添加物を明確に区分して表示されている。③内容量はグラムやミリリットル、個数などの単位を明記して表示されている。④製造所は商品の表示に責任を持つ者の氏名または法人名とその住所が表示されている。⑤消費期限や賞味期限は、未開封の状態で、保存方法に表示されている方法で保存した場合の期限であり、開封後や決められた方法で保存していない場合には、期限が過ぎる前であっても品質が劣化していることがある。

49　解答▶②　　　　★★★

①冷却の原理は液体が蒸発するとき多量の熱を奪うことにある。②圧縮機・凝縮器・膨張弁・蒸発器から構成される。③冷媒はアンモニアやフロンを使用する。④冷凍機の高圧側は高温・高圧の気体で、熱を放出して凝縮し、液体になる。⑤冷凍機の低圧側は低温の液体で、冷媒の一部が熱を吸収して蒸発し、気体になる。

50　解答▶④　　　　★

①実際の作業者の意見を聞き、作業者が守れるものにする。②マニュアル作成者がみて、問題のある作業・行動・管理点・基準・チェック方法などは作業者と確認のうえで修正する。③温度・時間・質量・長さ・速度などは製造現場でデータを集積し、正常と異常の区別が判断できる数値的な基準を設定する。④異常発生時の処置方法・連絡方法は具体的に明記する。⑤使用目的に応じて書き方を工夫し、一般の作業者用には絵や図を多用し、わかりやすい表現とする。

20◻年度　第◻回
日本農業技術検定2級　解答用紙

1問2点（100点満点中70点以上が合格）

共通問題

設問	解答欄
1	
2	
3	
4	
5	
6	
7	
8	
9	
10	

点数

選択科目

※選択した科目一つを丸囲みください。

作物　　野菜

花き　　果樹

畜産　　食品

設問	解答欄
11	
12	
13	
14	
15	
16	
17	
18	
19	
20	

設問	解答欄
21	
22	
23	
24	
25	
26	
27	
28	
29	
30	
31	
32	
33	
34	
35	

設問	解答欄
36	
37	
38	
39	
40	
41	
42	
43	
44	
45	
46	
47	
48	
49	
50	

20☐年度　第☐回
日本農業技術検定２級　解答用紙

1問2点（100点満点中70点以上が合格）

共通問題　選択科目

設問	解答欄
1	
2	
3	
4	
5	
6	
7	
8	
9	
10	

点数

※選択した科目一つを
丸囲みください。

作物　野菜

花き　果樹

畜産　食品

設問	解答欄
11	
12	
13	
14	
15	
16	
17	
18	
19	
20	

設問	解答欄
21	
22	
23	
24	
25	
26	
27	
28	
29	
30	
31	
32	
33	
34	
35	

設問	解答欄
36	
37	
38	
39	
40	
41	
42	
43	
44	
45	
46	
47	
48	
49	
50	